# 碳酸盐岩地区岩土源热泵
# 技术与应用

裴 鹏 王 林 李圣鑫 著

中国矿业大学出版社

·徐州·

## 内 容 提 要

本书以地源热泵工作的热力学原理及分类为基础,以碳酸盐岩地区水文地质条件为背景,结合工程实践经验,探讨了岩土源热泵在当前应用中的主要问题;介绍了建筑负荷计算和设备选型、场地勘察、地下换热器设计和施工、室内部分设计和安装施工以及系统检测等工作;介绍了碳酸盐岩地区区域浅层地热资源勘察评价的主要工作内容、方法和技术手段;最后介绍了碳酸盐岩地区岩土源热泵系统的成本构成以及不同复合式地源热泵组合方案的技术经济对比。

本书可供从事地源热泵研究、设计、施工和管理的人员使用,也可为相关专业的院校师生教学、学习提供参考。

**图书在版编目(C I P)数据**

碳酸盐岩地区岩土源热泵技术与应用 / 裴鹏,王林,李圣鑫著.— 徐州 : 中国矿业大学出版社,2024.4
ISBN 978 - 7 - 5646 - 6219 - 6

Ⅰ.①碳… Ⅱ.①裴… ②王… ③李… Ⅲ.①碳酸盐岩—热泵—研究 Ⅳ.①P588.24

中国国家版本馆 CIP 数据核字(2024)第 077146 号

| | |
|---|---|
| 书　　名 | 碳酸盐岩地区岩土源热泵技术与应用 |
| 著　　者 | 裴 鹏　王 林　李圣鑫 |
| 责任编辑 | 宋 晨 |
| 出版发行 | 中国矿业大学出版社有限责任公司 |
| | (江苏省徐州市解放南路　邮编 221008) |
| 营销热线 | (0516)83885370　83884103 |
| 出版服务 | (0516)83995789　83884920 |
| 网　　址 | http://www.cumtp.com　E-mail:cumtpvip@cumtp.com |
| 印　　刷 | 苏州市古得堡数码印刷有限公司 |
| 开　　本 | 787 mm×1092 mm　1/16　印张 13.75　字数 262 千字 |
| 版次印次 | 2024 年 4 月第 1 版　2024 年 4 月第 1 次印刷 |
| 定　　价 | 58.00 元 |

(图书出现印装质量问题,本社负责调换)

# 前　言

　　浅层地热能的开发利用主要是通过地源热泵来实现的,其中岩土源热泵是地源热泵系统中应用最为广泛的一种。区域地热资源勘察评价,地埋管换热器与岩土体的热交换特性,以及岩土源热泵系统的设计、施工、运行维护、管理、技术经济分析等工作因地质条件不同而存在很大的差异。碳酸盐岩广泛分布于我国南方地区,同时在东欧、北美、东南亚等地也有广泛分布。碳酸盐岩导热系数相对较高,各类岩溶个体构成导水体,地下水径流量大,对流换热作用有利于缓解蓄能岩土体的热失衡风险。但同时其水文地质条件呈现多变和极端的特点,断层、裂隙、节理、岩溶和低渗岩体在近距离范围内共存,这些特点对碳酸盐岩地区岩土源热泵项目的设计、施工、运行维护和推广利用带来了一定的困难和挑战。

　　地源热泵的设计、施工、运行维护、管理、技术经济分析及浅层地热资源勘察评价等方面,已有国家标准、地方标准、技术指南、技术手册及部分教材、专著、论文等可供参考。但这些文献均以非碳酸盐岩地区第四系地层和冲积层较厚地区为背景,其中关于场地勘察,资源评价,地下换热器计算、设计及施工,成本分析等方面的背景和内容与碳酸盐岩地区独特的水文地质特征有较大差异。当前在碳酸盐岩地区浅层地热能产业发展实践中存在以下问题:钻孔施工难度大、效率相对偏低;参照其他地区的设计参数和施工工艺时忽略了本地水文地质条件,导致设计方案与实际情况不符,系统失效;在施工过程中没有严格按照符合当地地质条件的施工工艺实施,导致施工质量不达标,系统长期运行效果不佳;缺乏针对性的、具有实操性的技术指南和规范作为指导,导致碳酸盐岩地区地源热泵项目质量参差不齐、标准不一,难以形成标准化和系统化的产业来推广。

为了进一步推动浅层地热能产业的健康发展,著者根据碳酸盐岩地区独特的水文地质特征、浅层地热能赋存特征和施工条件,提出了岩土源热泵的概念,并归纳总结了工程场地勘探、设计、施工、技术经济分析以及区域浅层地热资源评价技术,形成了本书的基础。全书共10章,包括地源热泵技术介绍、建筑负荷计算、岩溶环境特征、场地勘察、地下换热器计算设计与施工、室内系统设计与施工、质量保证、竣工验收、浅层地热资源评价、成本分析、复合式系统等方面。本书由贵州大学裴鹏统稿,贵州省有色金属和核工业地质勘查局地质矿产勘查院王林和贵州建设职业技术学院李圣鑫参与了撰写。本书第1～4章、第5章5.1节和5.7节、第6～10章由裴鹏撰写;第5章5.2～5.6节由王林撰写;第2章由李圣鑫撰写。本书以实际工程为背景和基础,以相关的国家级和省部级科研项目成果为依托,基于碳酸盐岩地质构造条件、水文地质条件和工程地质条件,介绍、讨论和总结了场地勘察技术、资源评价方法、地下换热器的设计与布置优化、地下换热器的施工工艺、工程质量体系与控制、项目验收、技术经济分析等方面的内容,旨在为碳酸盐岩地区岩土源热泵项目的勘察、设计、施工与验收等工作提供科学参考,保障浅层地热能开发项目的工程质量,降低成本,提高社会和经济效益,进一步推动碳酸盐岩地区浅层地热能开发利用产业的蓬勃发展。

著者

2023 年 12 月

# 目　　录

# 第1章 绪 论

## 1.1 热泵技术原理

热泵是一种利用高位能使热量从低位热源流向高位热源的节能装置,可以把不能直接利用的低位热能(如空气、土壤、水中含有的热能,太阳能,生活及生产废热等)转换为可以利用的高位热能,从而达到节省部分高位热能(如煤、燃气、油、电能等)的目的[1]。

热泵技术以逆向卡诺循环为基础。根据热力学第一定律,热泵供给用户的热量是消耗的高位能与吸取的低位热能的总和。根据热力学第二定律,热量无法自发地从低温物体转移到高温物体,逆向卡诺循环是通过输入机械功来"搬运"热量的。因此,热泵靠高位能拖动,迫使热量由低温物体传递给高温物体。例如,在冬季要把温度较低的大气或岩土体中含有的低位热能"搬运"到温度较高的室内,就必须消耗一定量的机械功,如同水泵将水从低水位抽到高水位需要消耗电能(高位能)的原理一样。

以图 1-1 中的供热工况为例,通过膨胀阀降低液态工质压力,使其比低温热源温度更低,从而形成热量入口,蒸发器中的工质吸收来自低温热源的热量而蒸发;然后压缩机提高了工质的压力和温度,并且使其饱和温度高于高温热源(即供热对象)的温度;工质进入冷凝器中,将从低温热源获取的热量和压缩机产生的热量一起传递给高温热源,同时释放热量后的工质凝结成饱和液体;随后液态工质再次进入膨胀阀,完成一个循环。逆向卡诺循环是理想状态下的工况,没有散热、漏气、摩擦等损耗。

逆向卡诺循环热力过程熵熵图如图 1-2 所示。图中工质在温度为 $T_k$ 的高温恒温热源和温度为 $T_0$ 的低温恒温热源之间工作,具体循环过程如下:

(1)绝热压缩过程 1-2,制冷剂温度由 $T_0$ 升至 $T_k$,外界输入功 $W_c$。

(2)等温冷凝过程 2-3,制冷剂等温向高温热源 $T_k$ 放出热量 $q_1$,$q_1$ 等于面

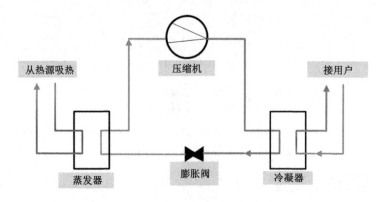

图 1-1　热泵原理图

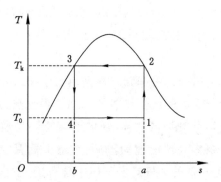

图 1-2　逆向卡诺循环热力过程焓熵图

积 $a$-1-2-3-4-$b$-$a$。

（3）绝热膨胀过程 3-4，制冷剂温度由 $T_k$ 降至 $T_0$。

（4）等温蒸发过程 4-1，制冷剂等温从低温热源 $T_0$ 吸收热量 $q_2$，$q_2$ 等于面积 $a$-1-4-$b$-$a$。

逆向卡诺循环的制冷系数为：

$$\varepsilon_c = \frac{q_2}{W_c} = \frac{q_2}{q_1 - q_2} = \frac{T_0}{T_k - T_0} \tag{1-1}$$

逆向卡诺循环的供热系数为：

$$\varepsilon_c' = \frac{q_1}{W_c} = \frac{q_1}{q_1 - q_2} = \frac{T_k}{T_k - T_0} \tag{1-2}$$

由式（1-1）和式（1-2）可得出下列结论：

（1）逆向卡诺循环的性能系数只取决于高温热源温度 $T_k$ 及低温热源温

度 $T_0$。

（2）逆向卡诺循环可以用来制冷，也可以用来供热，当低位热能从低温热源转移至高温热源时，高温热源被认为是供热对象，而低温热源则是制冷对象。由此，同一设备可以实现供热和制冷两种工况，即冬季用来作为热泵供热，夏季作为制冷机用于空调制冷，可整年服务于建筑物的空气调节。

（3）逆向卡诺循环的制冷系数 $\varepsilon_c$ 可以大于 1、等于 1 或小于 1，但供热系数 $\varepsilon_c'$ 总是大于 1。

热泵系统按照低温热源可分为地源热泵、空气源热泵、工业废热源热泵等。但是需要注意的是，通常广义的地源热泵包括水源热泵。

## 1.2　地源热泵系统的定义和分类

地源热泵是以浅层地热能作为夏季热泵制冷的冷却源（热汇）和冬季供热的低温热源，实现供热、制冷和提供生活热水等目的的热泵系统。

地源热泵系统是一个广义的术语，根据低位热源的不同，可将地源热泵系统分为四类：土壤耦合热泵系统、地下水源热泵系统、地表水源热泵系统、污水源热泵系统[2]，本书还提出了岩土源热泵这一类别。

（1）以土壤为热源和热汇的热泵系统统称为土壤耦合热泵系统，也称土壤源热泵系统或地埋管换热器地源热泵系统。土壤耦合热泵是利用地下土壤温度相对稳定的特性，通过埋设于建筑物周围的管路系统与建筑物内部完成热交换的装置。冬季从土壤中取热，向建筑物供暖；夏季向土壤排热，为建筑物制冷。它以土壤作为热源或冷源，通过高效热泵机组向建筑物供热或制冷。在碳酸盐岩地区，由于土层和第四系地层较薄，地埋管换热器大部分位于岩体当中，所以在后续章节称之为岩土源热泵。

（2）以地下水为热源和热汇的热泵系统称为地下水源热泵系统。

（3）以地表水为热源和热汇的热泵系统称为地表水源热泵系统，利用对象包括江水、河水、湖水、水库水、海水等。

（4）以污水为热源和热汇的热泵系统称为污水源热泵系统，利用对象包括生活废水、工业温水、工业设备冷却水、生产工艺排放温废水等。

很多时候，地源热泵和其他传统或新型的供热制冷技术共同构成复合式能源系统，实现源、网、荷、储、充综合能效管理，达到充分利用不同冷热源优点，多能互补，降低成本，灵活高效，提高系统稳定性等目的。

# 1.3 岩土源热泵技术

## 1.3.1 岩土源热泵技术的工作模式

岩土源热泵技术是通过输入少量的高位能(如电能)实现热量从浅层地能(岩土热能)向高位热能转移的热泵空调系统[3-4],主要由地面的热泵机组和地下换热器(即地埋管换热器)组成。岩土源热泵工作模式如图 1-3 所示。

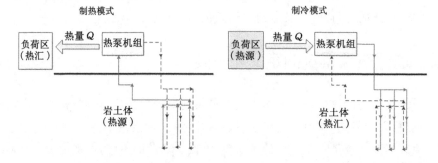

图 1-3 岩土源热泵工作模式

在制热模式下,温度较低的换热工质(虚线)在地下换热器中流动,吸收了岩土热源的热量。随后,被加热的换热工质(实线)流回地面,而热泵机组则将换热工质中的热量传递给建筑负荷区,实现供暖及加热生活用水等目的。温度降低后的工质又重新回到地下换热器中吸收岩土体的热量。

同理,在制冷模式下,热泵机组将建筑负荷区中的热量传递给换热工质,吸收热量后温度较高的工质(实线)进入地下换热器,将热量排入温度相对较低的岩土体冷源,冷却后的流体工质(虚线)又重新回到地面继续吸收热量,如此反复循环。

## 1.3.2 岩土源热泵系统的分类

相较于地下水源热泵和地表水源热泵,岩土源热泵不受地域限制,不污染地下水,不受地下水利用政策的限制,具有更好的应用前景。岩土源热泵主要依赖于地埋管换热器与周围岩土体进行热量交换。根据地埋管布置形式的不同,可将地埋管换热器分为水平地埋管换热器与竖直地埋管换热器,如图 1-4 所示。对应地,可将岩土源热泵分为水平地埋管岩土源热泵和竖直地埋管岩土源热泵。水平地埋管换热器建设成本较低,但占地面积较大。竖直地埋管换热器建设成本较高,但布局紧凑,在相同可用面积条件下,可负担更多负荷。

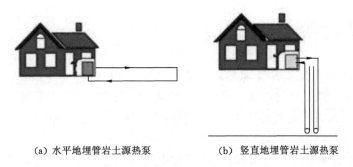

（a）水平地埋管岩土源热泵　　　　　（b）竖直地埋管岩土源热泵

图 1-4　岩土源热泵系统的分类

### 1.3.3　双工况岩土源热泵系统

　　双工况岩土源热泵系统工作原理如图 1-5 所示。该系统地下为浅埋于地下的水平地埋管或竖直地埋管，以水或防冻剂溶液为换热工质通过闭式环路在管内进行循环。冬季供热时，地下管内的循环流体不断地吸取周围岩土中的热量，然后通过换热器将这些热量传给热泵机组，再传到室内环路，实现对室内供热目的。夏季制冷时，空调工况通过四通阀转换制冷剂流向，使建筑物内多余的热量通过室内环路循环流体和空调机组传给换热工质，最终排到地下岩土中，实现对室内制冷目的。压缩机出口和四通阀之间可以加上一个板式换热器，与水箱中的水进行换热，加热生活用热水。

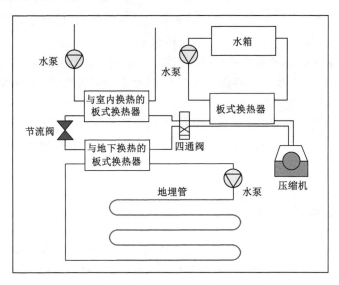

图 1-5　岩土源热泵系统工作原理

## 1.4　岩土源热泵的优缺点

与传统空调相比，岩土源热泵主要有以下优点：

（1）岩土温度与空气温度相比较为稳定，根据逆向卡诺循环，由冷热源温度波动所引起的系统能效比变化较小。相较于传统的空调运行效率要高出40％～60％，节能效果更加显著。

（2）岩土的比热容更大，投入热量时引起的温度波动更小。冬季和夏季从岩土取出（或投入）的能量可以分别在夏季和冬季通过跨季节蓄能和大地热流得到补偿，在一定程度上有利于系统的常年稳定运行。

（3）室外气温与室内气温一般相差甚小，所能利用的温差有限，因此导致传统空调效率有限。对于岩土源热泵而言，由于岩土温度对于空气温度存在延时效应，其温度不至于极端变化，相较更加平缓，与室内温差更大，系统换热效率更高。

（4）由于地下温度常年较为稳定，地埋管换热器无须除霜，不需要除霜费用，节省了空气源热泵的结霜、融霜所消耗的3％～30％的能耗。

（5）高能效比带来的低运行费用。

岩土源热泵亦存在一些缺点，主要表现如下：

（1）岩土作为地埋管换热器的热源及热汇，当每年向岩土投入或取出的热量负荷不平衡时，就会使得地埋管周围岩土温度有一定幅度的上升或者下降，常年运行下，该效果不断累加，最终将导致岩土温度变化，引起岩土"热失衡"现象。由于冷源或热源温度发生了变化，从而影响了热泵系统的能效比。

（2）若岩土的导热系数较小，较大程度上限制了地埋管换热器与周围岩土体的换热性能，单个换热孔换热能力有限，从而只能通过增加换热孔数量来满足负荷要求，加大了投资成本。

（3）地埋管换热器的换热性能受岩土热物性参数影响较大。

（4）前期地埋管换热器施工费用高昂，在一定程度上限制了该系统的推广应用。

## 1.5　岩土体热失衡问题

地源热泵技术是开发利用浅层地热能的主要技术手段，其中又以地埋管地源热泵最具应用前景。在多数地质条件下，向岩土体投入或取出的热量都远大于大地热流补充的热量，因此，岩土体的作用更类似于蓄能介质，而非自然持续补给的热源或冷源。

　　在夏热冬暖地区,浅层地热资源的开发普遍都会遇到热堆积的问题。由于建筑冷负荷长年大于热负荷,地埋管换热器从周围岩土体取出的热量小于排入的热量,经过系统长期运行后,地埋管附近温度逐年升高,最终造成热堆积,影响系统的性能。相反,如果在寒冷地区,由于建筑热负荷长年大于冷负荷,从岩土体取出的热量超过了排入地下的热量,会造成冷堆积。以上现象统称"热失衡"或"热不平衡"。

　　为解决地源热泵系统造成的热失衡问题,世界各地的学者进行了不同的研究来应对地下冷热堆积以提高地源热泵的效率。这些研究主要集中在系统运行控制策略、复合式地源热泵系统的应用,即将岩土源热泵与太阳能、冷却塔、废热、锅炉以及空气源热泵结合,或应用蓄能-地源热泵复合系统等分担一部分热能的输入或排放。其他方法包括增加地埋管换热泵埋管间距、采取分区域运行策略等缓解热失衡。

　　值得注意的是,碳酸盐岩地区主要储热传热介质为裂隙岩体,包括结构体、结构面、地下水等与地埋管群所组成的换热系统。在地下水径流量丰富的地区,进出蓄能岩土体的地下水带有较大的能量流,甚至可占进出岩体各种能量流总和的主导地位。季节性地下水流量变化对岩土体热平衡性有明显影响,但地下水的季节性变化特征和建筑物的季节性能量需求特征又不一致,因此需在全年尺度范围充分计算和评价地下水对岩土体的能量平衡及热泵系统运行的影响。

## 1.6　本书主要内容

　　地埋管地源热泵(即岩土源热泵)是地源热泵技术中应用最为广泛的一种。该技术以岩土体作为热源或热汇,能利用岩土体实现跨季节蓄能。地埋管换热器与岩土体的热交换特性以及地埋管换热器的设计、施工、运维管理等工作因工程项目场地的地质结构不同而存在很大差异。我国南方岩溶区以碳酸盐岩分布为主,具有与其他地区不同的三个特点:① 由于碳酸盐岩较为致密,岩体骨架原生孔隙度低、含水量低、比热容较小;② 碳酸盐岩化学性质活泼,岩溶作用强烈,在岩体中易形成裂隙、溶洞和暗河等导水储水介质,地下水较为丰富;③ 岩溶水文地质条件呈现多变和极端的特点,断层、裂隙、节理或岩溶与低渗岩体在近距离范围内共存。这些特点对岩土源热泵的设计、施工和推广利用带来一定的困难和挑战。针对上述特点,本书主要内容如下:

　　第1章结合工程热力学及相关学科知识,介绍地源热泵系统的工作原理,并基于不同的热源对系统进行分类,探讨岩土源热泵目前应用中的主要问题及解决方案。

第 2 章主要介绍如何计算建筑物年负荷、日负荷及空调负荷,并说明所计算的参数如何支撑地源热泵系统的设计。

第 3 章主要讲述碳酸盐岩地区的岩溶发育和水文地质特征,其中包括岩溶发育形态、岩溶地下水系统、裂隙岩体结构特征等。

第 4 章主要介绍现场地质勘探的主要工作,包括岩土体的比热容、导热系数、热扩散性等相关热物性参数的测试方法,以及具有代表性的水文地质勘探技术。

第 5 章主要介绍岩土源热泵地埋管换热器的设计、施工方法及注意事项。基于现场热物性参数测试结果,对热泵系统进行周期性经济和技术性分析,计算地埋管的热阻大小、单位井深换热功率、埋管总长、系统能耗和能效比等。

第 6 章主要对岩土源热泵系统的室内部分设计、设备选型、安装施工细则及主要注意事项做详细说明。

第 7 章介绍岩土源热泵系统工程的测评内容、测评方法及竣工验收的内容与要求。

第 8 章介绍碳酸盐岩地区区域浅层地热资源评价的主要工作,包括钻探,抽水试验,注水试验,埋设动态水位、地温监测孔,地下水流速与流向的测量,计算换热功率、浅层地热容量,浅层地热能开发利用评价等,并讨论碳酸盐岩地区浅层地热开发适宜性分区判别指标。

第 9 章介绍碳酸盐岩地区竖直地埋管热泵系统建设成本构成。

第 10 章介绍 4 种不同的复合式地源热泵组合方案,并相较于单独使用的岩土源热泵系统进行经济技术分析对比。

# 参考文献

[1] 姚杨,马最良.浅议热泵定义[J].暖通空调,2002,32(3):33.

[2] 徐伟.地源热泵技术手册[M].北京:中国建筑工业出版社,2011.

[3] 余延顺.寒区太阳能-土壤源热泵系统运行工况模拟研究[D].哈尔滨:哈尔滨工业大学,2001.

[4] 刘东,陈沛霖,张旭.地源热泵的特性研究[J].流体机械,2001,29(7):42-45.

# 第 2 章　建筑负荷计算

在系统选择、设备选型及岩土地源热泵系统设计之前,必须对建筑物的冷、热负荷进行精确计算。估算时首先应进行空调分区,然后确定每个分区的冷、热负荷,最后计算整栋建筑的总供热与总供冷负荷。分区负荷用于各分区热泵的选型;总负荷用于确定热泵系统主设备容量及地源热泵系统需要的附属设备的选择。

## 2.1　负荷计算要点

空调分区的区域可由若干个区间组成,但同一空调区内任意时刻负荷特性必须相同,即都是冷负荷,或者都是热负荷。

通常,在同一空调分区内的空调用途或使用功能都应该相同;温度设定值相同;人员、设备、照明、太阳的冷热风渗透或者通风负荷相同。对于周边区域,其朝向或基本方位应相同。内区或核心区不应有明显的外表面。但是对于大开间的室内空间,其周边区域与核心区域的负荷特性也有可能不同。

同时需要注意的是,对于高层建筑而言,由于维护结构及传热特性的差异,其中间层、顶层和底层在计算热负荷时应区别对待。

在准确分区前,应提供建筑平面详图,包括室内人数、设备及照明使用情况、工作时间表、建筑中所处的方位。同时还需要明确地点及当地与设计有关的建筑法规等。

## 2.2　负荷计算参数

### 2.2.1　室外空气计算参数

本书按照《民用建筑供暖通风与空气调节设计规范》(GB 50736—2012)中的规定选取和计算室外参数。

室外计算参数的统计年份宜取 30 a。不足 30 a 者,也可按实有年份采用,但不得少于 10 a;少于 10 a 时,应对气象资料进行修正。山区的室外气象参数应根据就地的调查、实测并与地理和气候条件相似的邻近台站的气象资料进行比较确定。

### 2.2.1.1 夏季空调室外计算干、湿球温度

夏季空调室外计算干球温度,应采用历年平均不保证 50 h 的干球温度;夏季空调室外计算湿球温度,应采用历年平均不保证 50 h 的湿球温度。

### 2.2.1.2 夏季空调室外计算日平均温度和逐时温度

夏季计算经围护结构传入室内的热量应按不稳定传热过程计算。因此,必须已知设计日的室外日平均温度和逐时温度。夏季空调室外计算日平均温度应采用历年平均不保证 5 d 的日平均温度。

夏季空调室外计算逐时温度可按下式确定:

$$t_{sh} = t_{wp} + \gamma \Delta t_r \tag{2-1}$$

$$\Delta t_r = \frac{t_{wg} - t_{wp}}{0.52} \tag{2-2}$$

式中,$t_{sh}$ 为室外计算日的逐时温度,℃;$t_{wp}$ 为夏季空调室外计算日平均温度,℃;$\Delta t_r$ 为夏季室外计算平均日较差,℃;$t_{wg}$ 为夏季空调室外计算干球温度,℃;$\gamma$ 为室外温度逐时变化系数,见表 2-1。

表 2-1 室外温度逐时变化系数

| 时刻 | 1 | 2 | 3 | 4 | 5 | 6 | 7 | 8 | 9 | 10 | 11 | 12 |
|---|---|---|---|---|---|---|---|---|---|---|---|---|
| $\gamma$ | −0.35 | −0.38 | −0.42 | −0.45 | −0.47 | −0.41 | −0.28 | −0.12 | 0.03 | 0.16 | 0.29 | 0.40 |
| 时刻 | 13 | 14 | 15 | 16 | 17 | 18 | 19 | 20 | 21 | 22 | 23 | 24 |
| $\gamma$ | 0.48 | 0.52 | 0.51 | 0.43 | 0.39 | 0.28 | 0.14 | 0.00 | −0.10 | −0.17 | −0.23 | −0.26 |

### 2.2.1.3 冬季空调室外计算温度、湿度的确定

(1) 由于冬季空调系统加热、加湿所需费用小于夏季冷却、减湿的费用,为便于计算,冬季围护结构传热按稳定传热计算,不考虑室外气温的波动。冬季采用空调设备送热风时,计算其围护结构传热和计算冬季新风负荷时,采用同一冬季空调室外计算温度。

(2) 冬季空调室外计算温度,应采用历年平均不保证 1 d 的日平均温度。

(3) 若冬季不使用空调设备送热风,仅采用采暖装置补偿房间失热时,计算围护结构传热应采用采暖室外计算温度。

(4) 由于冬季室外空气含湿量低于夏季,且变化量很小,不必给出湿球温度,只给出冬季室外计算相对湿度值。

（5）冬季空调室外计算相对湿度应采用累年最冷月平均相对湿度。

（6）冬季室外平均风速应采用累年最冷 3 个月各月平均风速的平均值。冬季室外最多风向的平均风速应采用累年最冷 3 个月最多风向（静风除外）的各月平均风速的平均值。冬季最多风向及其频率应采用累年最冷 3 个月的最多风向及其平均频率。

（7）冬季室外大气压力应采用累年最冷 3 个月各月平均大气压力的平均值。冬季日照百分率应采用累年最冷 3 个月各月平均日照百分率的平均值。

（8）设计计算用供暖期天数应按累年日平均温度稳定低于或等于供暖室外临界温度的总日数确定。一般民用建筑供暖室外临界温度宜采用 5 ℃。

### 2.2.2　室内空气计算参数

#### 2.2.2.1　舒适性空调室内温、湿度标准

根据《民用建筑供暖通风与空气调节设计规范》（GB 50736—2012）的规定，舒适性空调室内计算参数为：夏季温度 24～28 ℃、相对湿度 40%～65%、风速不大于 0.3 m/s；冬季温度 18～22 ℃、相对湿度 40%～60%、风速不大于 0.2 m/s。

人员长期逗留区域空气调节室内计算参数按照表 2-2 设置。

表 2-2　人员长期逗留区域空调室内设计参数

| 参数 | 热舒适度等级 | 温度/℃ | 相对湿度/% | 风速/(m/s) |
|---|---|---|---|---|
| 冬季 | Ⅰ级 | 22～24 | ≥30 | ≤0.20 |
| | Ⅱ级 | 18～22 | — | ≤0.20 |
| 夏季 | Ⅰ级 | 24～26 | 40～60 | ≤0.25 |
| | Ⅱ级 | 26～28 | ≤70 | ≤0.30 |

人员短期逗留区域空气调节室内计算参数，可在长期逗留区域参数的基础上适当放低要求。夏季空调室内计算温度宜在长期逗留区域的基础上提高 1～2 ℃，冬季空调室内计算温度宜在长期逗留区域的基础上降低 1～2 ℃。

#### 2.2.2.2　工艺性空调室内温、湿度标准

工艺性空调可分为一般降温性空调、恒温恒湿空调和净化空调等。

一般降温性空调对温度、湿度的要求是：夏季工人操作时手不出汗，不使产品受潮，因此只规定温度或湿度的上限，对空调精度没有要求。

恒温恒湿空调对室内空气的温度、湿度基数和精度都有严格要求，如某些计量室，室温要求全年保持（20±0.1）℃，相对湿度保持（50±5）%。

净化空调不仅对空气温度、湿度提出一定要求,而且对空气中所含尘粒的大小和数量也有严格要求。

### 2.2.3　新风量的确定

室外新鲜空气是保障良好的室内空气品质的关键,因此,空调系统中引入室外新鲜空气是必要的。由于夏季室外空气焓值比室内空气焓值要高,空调系统为处理新风必须要消耗冷量。据调查,空气调节过程中处理新风的消耗能大致占总耗能的 25%～30%,对于某些高级宾馆能达到 40%。空调系统要在满足室内空气品质的前提下,尽量选用较小的、必要的新风量。

新风量确定的一般原则如下:

(1)满足卫生要求,常态下每人的新风量设定为 30 m³/h。

(2)补充局部排风量。

(3)保证空调房间的正压要求,一般情况下空调房间正压可取 5～10 Pa。

(4)空调系统的新风量,根据以上 3 点计算新风量的最大值取值,且不小于空调总风量的 10%。

公共建筑主要房间每人所需最小新风量应符合表 2-3 规定。

表 2-3　公共建筑主要房间每人所需最小新风量

| 建筑类型 | 新风量/[m³/(h·人)] |
| --- | --- |
| 办公室 | 30 |
| 客房 | 30 |
| 大堂 | 10 |
| 四季厅 | 10 |

需要注意的是,设置新风系统的居住建筑和医院建筑,其设计最小新风量宜按照换气次数法确定;高密人群建筑设计最小新风量宜按照不同人员密度下每人所需最小新风量确定。

## 2.3　空调负荷计算

地埋管换热器对岩土体的最大释热量与最大吸热量取决于建筑物空调冷负荷与热负荷大小。建筑物空调的冷负荷与热负荷是地源热泵空调系统设计中重要的基础资料。

### 2.3.1　空调冷负荷计算

空调冷负荷是指为维持室内设定的温度,在某一时刻必须由空调系统从房间带走的热量。空调房间冷负荷根据房间得热量计算。房间得热量是指某一时刻由室外和室内热源进入房间的热量总和。

空调房间的得热量由下列各项得热量组成:

(1) 通过围护结构传入室内的热量。

(2) 透过外窗进入室内的太阳辐射热量。

(3) 人体散热量。

(4) 照明散热量。

(5) 设备、器具、管道及其他室内热源的散热量。

(6) 食品或物料的散热量。

(7) 伴随各种散湿过程中产生的潜热量。

确定房间计算冷负荷时,应根据上述各项得热量的种类、性质以及房间的蓄热特性,分别逐时计算,然后叠加,找出综合最大值。

制冷时冷负荷系数法的计算方法具体如下:

(1) 外墙和屋面传热形成的逐时冷负荷。在日射和室外气温的综合作用下,外墙和屋面传热引起的逐时冷负荷可以按照式(2-3)进行计算:

$$Q_{\tau 1} = AK\Delta t_{\tau \varepsilon} \tag{2-3}$$

式中,$Q_{\tau 1}$ 为外墙或屋面传热引起的计算时刻冷负荷,W;$A$ 为外墙或屋面的传热面积,$m^2$;$K$ 为外墙或屋面的传热系数,$W/(m^2 \cdot ℃)$;$\Delta t_{\tau \varepsilon}$ 为通过外墙或屋面的冷负荷计算温差的逐时值,℃,其计算公式为:

$$\Delta t_{\tau \varepsilon} = t_{q(\tau)} - t_n \tag{2-4}$$

式中,$t_n$ 为室内设计温度,℃;$t_{q(\tau)}$ 为外墙和屋面的冷负荷计算温度的逐时值,℃。参数可参照《民用建筑供暖通风与空气调节设计规范》(GB 50736—2012)中附录 H 选用。

(2) 外窗的温差传热冷负荷。通过外窗温差传热形成的计算时刻冷负荷 $Q_{\tau c}$ 可按照下式计算:

$$Q_{\tau c} = A_c K_c \Delta t_{\tau} \tag{2-5}$$

式中,$Q_{\tau c}$ 为外窗传热引起的计算时刻冷负荷,W;$A_c$ 为外窗的窗口面积,$m^2$;$K_c$ 为外窗的传热系数,$W/(m^2 \cdot ℃)$;$\Delta t_{\tau}$ 为通过外窗冷负荷计算温差的逐时值,℃,其计算公式为:

$$\Delta t_{\tau} = t_{c(\tau)} - t_n \tag{2-6}$$

式中,$t_{c(\tau)}$ 为玻璃窗的冷负荷计算温差的逐时值,℃。

（3）外窗太阳辐射冷负荷。透过外窗进入室内的日射得热形成的计算时刻冷负荷 $Q_{\tau\mathrm{cl}}$ 应按照下式计算：

$$Q_{\tau\mathrm{cl}} = C_{\mathrm{clC}}C_z D_{j\max}A_\mathrm{w} \tag{2-7}$$

$$C_z = C_\mathrm{w}C_\mathrm{n}C_\mathrm{s} \tag{2-8}$$

式中，$Q_{\tau\mathrm{cl}}$ 为透过玻璃窗的日射得热形成的冷负荷，W；$C_z$ 为外窗综合遮挡系数；$C_{\mathrm{clC}}$ 为透过无遮阳标准玻璃太阳辐射冷负荷系数；$C_\mathrm{w}$ 为外遮阳修正系数；$C_\mathrm{n}$ 为内遮阳修正系数；$C_\mathrm{s}$ 为玻璃修正系数；$A_\mathrm{w}$ 为窗口面积，$\mathrm{m}^2$；$D_{j\max}$ 为夏季透过标准玻璃窗的最大日摄得热因素。其中 $C_{\mathrm{clC}}$ 与 $D_{j\max}$ 可按照《民用建筑供暖通风与空气调节设计规范》(GB 50736—2012)中附录 H 选用。

（4）内围护结构的传热冷负荷。当邻室为通风良好的非空调房间时，通过内窗的温差传热负荷，可按 $Q_{\tau\mathrm{l}} = AK\Delta t_\tau$ 计算。

当邻室为通风良好的非空调房间时，通过内墙和楼板的温差传热负荷，可按 $Q_{\tau\mathrm{l}} = AK\Delta t_{\tau\varepsilon}$ 计算。此时的负荷温差按零朝向的数据采用。

当邻室有一定的发热量时，通过空调房间内窗、隔墙、楼板或内门等围护结构传热形成的冷负荷，可按式(2-9)计算：

$$Q = AK(t_\mathrm{wp} + \Delta t_\mathrm{ls} - t_\mathrm{n}) \tag{2-9}$$

式中，$Q$ 为稳态冷负荷，W；$t_\mathrm{wp}$ 为夏季空气调节室外计算日平均温度，℃；$\Delta t_\mathrm{ls}$ 为邻室温差，℃，可根据邻室散热强度，按表 2-4 计算；$t_\mathrm{n}$ 为夏季空气调节室内计算温度，℃。

表 2-4　邻室温差 $\Delta t_\mathrm{ls}$ 值

| 邻室温差量/(W/m²) | $\Delta t_\mathrm{ls}$/℃ |
|---|---|
| 很少（如办公室和走廊等） | 0~2 |
| <23 | 3 |
| 23~116 | 5 |

（5）室内热源散热形成的冷负荷。室内的人体、照明和设备散发的热量中，其对流部分直接形成冷负荷；而辐射部分要先与围护结构、家具等换热，经围护结构和家具等蓄热后再以对流形式释放到室内，形成负荷。因此，室内热源散发的热量，也要乘以相应的冷负荷系数才能变为负荷。人体、照明和设备等散热形成的逐时冷负荷，分别按下式计算：

$$Q_\mathrm{rt} = C_\mathrm{clrt}\varphi Q_1 \tag{2-10}$$

$$Q_\mathrm{zm} = C_\mathrm{clzm}C_\mathrm{zm}Q_2 \tag{2-11}$$

$$Q_\mathrm{sb} = C_\mathrm{clsb}C_\mathrm{sb}Q_3 \tag{2-12}$$

式中，$Q_{rt}$ 为人体散热形成的逐时冷负荷，W；$C_{clrt}$ 为人体冷负荷系数（取决于人员在室内停留时间以及由进入室内时算起至计算时刻的时间），对于人员密集以及夜间停止供冷的场合，可取 1；$\varphi$ 为群集系数，指因人员性别、年龄构成以及密集程度等情况的不同而考虑的折减系数，年龄、性别不同，人员的小时散热量就不同，例如成年女子的散热量均为成年男子的 85%，儿童的散热量相当于成年男子散热量的 75%；$Q_1$ 为人体散热量，W；$Q_{zm}$ 为照明散热形成的逐时冷负荷，W；$C_{clzm}$ 为照明冷负荷系数；$C_{zm}$ 为照明修正系数；$Q_2$ 为照明散热量，W；$Q_{sb}$ 为设备散热形成的逐时冷负荷，W；$C_{clsb}$ 为设备冷负荷系数；$C_{sb}$ 为设备修正系数；$Q_3$ 为设备散热量，W；其中 $C_{clrt}$、$C_{clzm}$、$C_{clsb}$ 可按《民用建筑供暖通风与空气调节设计规范》（GB 50736—2012）中的附录 H 选用，$Q_1$、$Q_2$、$Q_3$ 可参照《民用建筑暖通空调设计统一技术措施 2022》中的散热量选用。

（6）人体冷负荷。人体显热散热形成的计算时刻冷负荷 $Q_\tau'$ 可按式（2-13）计算：

$$Q_\tau' = \varphi n q_1 X_{\tau-T} \qquad (2\text{-}13)$$

式中，$\varphi$ 为群集系数，见表 2-5；$n$ 为计算时刻空调房间内的总人数；$q_1$ 为 1 名成年男子小时显热散热量，W；$T$ 为人员进入空调房间的时刻；$\tau-T$ 为从人员进入房间时算起到计算时刻的时间，h；$X_{\tau-T}$ 为 $\tau-T$ 时刻人体显热散热量的冷负荷系数，但应注意对于人员密集的空调区（如电影院、剧场、会场等），由于人体对围护机构和室内物品的辐射换热量相应减少，可取 $X_{\tau-T}=1.0$。

表 2-5　某些空调建筑物内群集系数

| 工作场所 | 群集系数 $\varphi$ |
| --- | --- |
| 影剧院 | 0.89 |
| 百货商场 | 0.89 |
| 旅馆 | 0.93 |
| 体育馆 | 0.92 |
| 图书阅览室 | 0.96 |
| 工厂轻劳动 | 0.90 |
| 银行 | 1.0 |
| 工厂重劳动 | 1.0 |

（7）灯光冷负荷。照明设备散热形成的计算时刻冷负荷，应根据灯具的种类和安装情况分别按式（2-14）～式（2-15）计算。

白炽灯和镇流器装在空调房间外的荧光灯：

$$Q_\tau = 1\,200n_1X_{\tau-T}\qquad(2\text{-}14)$$

暗装在吊顶玻璃罩内的荧光灯：

$$Q_\tau = 100n_1n_0NX_{\tau-T}\qquad(2\text{-}15)$$

式中，$N$ 为照明设备的安装功率，kW；$n_0$ 为考虑玻璃反射，顶棚内通风情况的系数，当荧光灯罩有小孔，利用自然通风散热于顶棚内时，取 $0.5\sim0.6$，当荧光灯罩无通风孔时，视顶棚内通风情况取 $0.6\sim0.8$；$n_1$ 为同时使用系数，一般为 $0.5\sim0.8$；$T$ 为开灯时刻，h；$\tau-T$ 为从开灯时刻算起到计算时刻的时间，h；$X_{\tau-T}$ 为 $\tau-T$ 时间照明散热的冷负荷系数。

（8）设备冷负荷。热设备及表面散热形成的计算时刻冷负荷 $Q_\tau$ 可按式（2-16）计算：

$$Q_\tau = q_sX_{\tau-T}\qquad(2\text{-}16)$$

式中，$T$ 为热源投入使用的时刻；$\tau-T$ 为从热源投入使用的时刻算起到计算时刻的时间，h；$X_{\tau-T}$ 为 $\tau-T$ 时刻设备、用具散热的冷负荷系数；$q_s$ 为热源的实际显热散热量，W。

电动、电热设备的散热量计算方法如下：

① 电热设备散热量可按式（2-17）计算：

$$q_s = 1\,000n_1n_2n_3n_4N\qquad(2\text{-}17)$$

② 电动机和工艺设备均在空调房间内的散热量可按式（2-18）计算：

$$q_s = 1\,000n_1\alpha N\qquad(2\text{-}18)$$

③ 只有电动机在空调房间内的散热量可按式（2-19）计算：

$$q_s = 1\,000n_1\alpha(1-\eta)N\qquad(2\text{-}19)$$

④ 只有工艺设备在空调房间内的散热量可按式（2-20）计算：

$$q_s = 1\,000n_1\alpha\eta N\qquad(2\text{-}20)$$

式中，$N$ 为设备的总安装功率，kW；$\eta$ 为电动机的效率；$n_1$ 为同时使用系数，一般可取 $0.5\sim1.0$；$n_2$ 为利用系数，一般可取 $0.7\sim0.9$；$n_3$ 为小时平均实耗功率与设计最大功率之比，一般可取 $0.5$ 左右；$n_4$ 为通风保温系数，一般取 $0.5$；$\alpha$ 为输入功率系数。

（9）食物的显热散热冷负荷。进行餐厅冷负荷计算时，需要考虑食物的散热量。食物的显热散热形成的冷负荷可按 9 W/人考虑。

（10）伴随散湿过程的潜热冷负荷。

人体散湿形成的潜热冷负荷可按式（2-21）计算：

$$Q = \varphi nq_2\qquad(2\text{-}21)$$

式中，$\varphi$ 为群集系数，见表 2-4；$n$ 为计算时刻空调房间内的总人数；$q_2$ 为 1 名成年男子的小时散湿量，W。

食物的散湿量可按式(2-22)计算：
$$D = 0.012\varphi n \tag{2-22}$$
式中，$\varphi$ 为群集系数，见表 2-4；$n$ 为就餐人数。

食物散湿量形成的潜热冷负荷可按式(2-23)计算：
$$Q = 688D \tag{2-23}$$
敞开水面的蒸发散湿量可按式(2-24)计算：
$$D = Fg \tag{2-24}$$
式中，$F$ 为蒸发表面积，$m^2$；$g$ 为单位水面的蒸发量，$kg/(m^2 \cdot h)$。

敞开水面蒸发形成的潜热冷负荷可按式(2-25)计算：
$$Q = 0.28\gamma D \tag{2-25}$$
式中，$\gamma$ 为汽化潜热，$kJ/kg$。

### 2.3.2　空调湿负荷计算

空调湿负荷是指空调房间内湿源(人体散湿、敞开水池或槽表面散湿、地面积水等)向室内的散湿量。

人体散湿量可按式(2-26)计算：
$$m_w = 0.001n\varphi g \tag{2-26}$$
式中，$m_w$ 为人体散湿量，$kg/h$；$g$ 为成年男子的小时散湿量，$g/h$；$n$ 为室内全部人数；$\varphi$ 为群集系数。

敞开水表面散湿量按式(2-27)计算：
$$m_w = \omega A \tag{2-27}$$
式中，$m_w$ 为敞开水表面散湿量，$kg/h$；$\omega$ 为敞开水表面单位蒸发量，$kg/(m^2 \cdot h)$；$A$ 为蒸发表面积，$m^2$。

### 2.3.3　空调热负荷计算

空调热负荷是指空调系统在冬季里，当室外空气温度在设计温度条件时，为保持室内的设计温度，系统向房间提供的热量。空调热负荷一般按稳定传热理论来计算，其计算方法与供暖系统的热损失计算方法基本一样。围护结构的基本耗热量 $Q_h$ 可按式(2-28)计算：
$$Q_h = \alpha A k (t_{nd} - t_{w-k}) \tag{2-28}$$
式中，$\alpha$ 为温差修正系数，见表 2-6；$k$ 为围护结构冬季传热系数，$W/(m^2 \cdot ℃)$；$A$ 为维护结构传热面积，$m^2$；$t_{nd}$ 为冬季室内设计温度，$℃$；$t_{w-k}$ 为冬季室外空调计算干球温度，$℃$。

表 2-6　维护结构基本耗热量计算中的温差修正系数(α)表

| 维护结构 | α 值 |
|---|---|
| 外墙、屋顶、地面以及室外相通的楼板等 | 1.00 |
| 屋顶与室外空气相通的非采暖地下室上面的楼板等 | 0.90 |
| 非采暖地下室上面楼板,外墙上有窗时 | 0.75 |
| 非采暖地下室上面楼板,外墙上无窗且位于室外地坪以上时 | 0.60 |
| 非采暖地下室上面楼板,外墙上无窗且位于室外地坪以下时 | 0.40 |
| 与有外门窗的非采暖房间的隔墙 | 0.70 |
| 与无外门窗的非采暖房间的隔墙 | 0.40 |
| 伸缩缝墙、沉降缝墙 | 0.30 |
| 防震缝墙 | 0.70 |
| 与有外墙的、供暖的楼梯间相邻的隔墙,多层建筑的底层部分 | 0.80 |
| 与有外墙的、供暖的楼梯间相邻的隔墙,多层建筑的顶层部分 | 0.40 |
| 与有外墙的、供暖的楼梯间相邻的隔墙,高层建筑的底层部分 | 0.70 |
| 与有外墙的、供暖的楼梯间相邻的隔墙,高层建筑的顶层部分 | 0.30 |

空调房间的附加热负荷应按其基本热负荷的百分率确定。各项附加(或修正)百分率如下:

(1) 朝向修正率。

北、东北、西北朝向:0。

西南、东南朝向:−15%~−10%。

东、西朝向:−5%。

南向:−25%~−15%。

选用修正率时应考虑当地冬季日照率及辐射强度的大小。冬季日照率小于35%的地区,东南、西南和南向的修正率宜采用−10%~0,其他朝向可不修正。

(2) 风力附加。

建在不避风的高地、河边、海岸、旷野上的建筑物以及城镇、厂区内特别高的建筑物,垂直的外围护结构热负荷附加率为5%~10%。

(3) 高度附加。

由于室内温度梯度的影响,往往房间上部的传热量大。因此规定:当房间净高超过 4 m 时,每增加 1 m 应附加2%,但总的附加率不应超过15%。应注意高度附加率应附加在基本耗热量和其他附加耗热量(进行风力、朝向、外门修正之后的耗热量)的总和之上。

在计算建筑物热负荷时应注意以下几点:

（1）空调建筑室内通常保持正压，因而在一般情况下，不计算由门窗缝隙渗入室内的冷空气和由门、孔洞侵入室内的冷空气引起的热负荷。

（2）室内人员、灯光和设备散热量会抵消部分热负荷，设计时如果要扣除这部分负荷，应注意到如果室内人数仍按计算夏季冷负荷时取最大室内人数，将会使冬季供暖的可靠性降低；室内灯光开关的时间、启动时间和室内人数都有一定的随机性。因此，可考虑当室内发热量大（如办公室及室内灯光发热量为 30 W/m² 以上）时，扣除该发热量的 50% 后作为空调的热负荷。

（3）建筑物内区的空调热负荷过去都作为零考虑，但随着现代建筑内部热量的不断增加，使内区在冬季里仍有余热，需要空调系统常年供冷，在设计时应根据实际情况来考虑。

### 2.3.4　空调建筑物负荷计算

建筑空调分区完成后，将分区负荷按下述方法进行累计，可确定建筑物热负荷与冷负荷：分别对设计日不同时刻的所有分区冷负荷求和；选择设计日不同时刻总冷负荷中的最大值作为建筑物冷负荷；所有分区的热负荷之和即建筑物热负荷。应注意的是在以上各个区域（或每个房间）负荷中已包括了新风负荷。

### 2.3.5　全年供热与供冷负荷计算

地源热泵系统运行时必须保证循环水温度在规定的上下限以内，同时确保热泵运行效果不下降。在峰值负荷的基础上，需要通过能耗分析计算全年逐时负荷。

设计地源热泵系统时首先对拟采用该系统的建筑物用逐时模拟程序进行能耗分析。然后对地源侧换热器进行预估后，将地源侧与负荷侧耦合运算，进行逐时模拟，得到地源侧出水温度的逐时变化曲线以及全年的蓄能、释能变化曲线。如果预估地源侧的出水温度低于设定温度下限，则应根据换热器出水温度对地源侧换热器数量进行调整后，重新进行逐时计算。为保证系统长期高效运行，还要确保地源侧换热器的蓄能量与释能量平衡。如果由于建筑所在地气候条件限制或者建筑使用功能限制，冷热负荷不均，导致蓄释能量无法达到均衡时，可考虑采用辅助蓄能、释能系统。

# 参考文献

[1] 中华人民共和国住房和城乡建设部.民用建筑供暖通风与空气调节设计规范:GB 50736—2012[S].北京:中国建筑工业出版社,2012.

［2］建设部工程质量安全监督与行业发展司,中国建筑标准设计研究所.全国民用建筑工程设计技术措施:暖通空调·动力［M］.北京:中国计划出版社,2003.

［3］马最良,姚杨.民用建筑空调设计［M］.3版.北京:化学工业出版社,2015.

［4］中华人民共和国建设部.地源热泵系统工程技术规范:GB 50366—2005［S］.北京:中国建筑工业出版社,2009.

# 第3章　岩溶环境概述

## 3.1　岩溶发育形态

### 3.1.1　岩溶的定义

岩溶又称喀斯特,是指可溶性岩层,如碳酸盐类岩层(石灰岩、白云岩)、硫酸盐类岩层(石膏)和卤素类岩层(岩盐)等受水的化学和物理作用产生的沟槽、裂隙和空洞,以及由于空洞顶板塌落使地表产生陷穴、洼地等特殊的地貌形态和水文地质现象作用的总称。岩溶是不断流动的地表水、地下水与可溶岩相互作用的产物。由岩溶作用过程所产生的一切地质现象被称为"岩溶现象"。

地下水和岩溶作用是高度相关的,水溶解碳酸盐岩产生大量的岩溶地貌,因此,在地下水的渗透作用、堆积和流动下,岩溶岩体生成一个完整的、新的地下环境。我国南方地区,除四川盆地外,都属于直接裸露岩溶区;而北方地区与四川盆地基本属于埋藏型岩溶区,这些地区的岩溶区处于深层,而上面往往都覆盖有非可溶性岩层。

岩溶环境中的各类沟槽、裂隙、空洞、陷穴、洼地等构成了丰富的地下及地表导水、储水体,且水流场特征与其他以孔隙水渗流为主的水文地质环境极为不同,控制了蓄能岩土体的蓄热和换热过程。岩溶是在区域浅层地热能资源评价、工程项目场地勘察、地下换热器设计及施工等工作中必须深入认识的主要因素,也是碳酸盐岩地区浅层地热能开发和岩土源热泵系统设计与施工的重难点。

可溶岩根据易溶程度一般分为三大类:① 易溶岩,如岩盐、钾盐、芒硝等构成的岩类;② 中溶岩,如石膏和硬石膏等硫酸盐类岩石;③ 难溶岩,如石灰岩、白云岩等碳酸盐类岩石。可溶岩中分布最广的是碳酸盐岩,我国碳酸盐岩分布面积约为 91 万 $km^2$,主要集中在湘西、鄂西、贵州、广西、川东和滇东。

碳酸盐岩的类型以石灰岩和白云岩为主,同时二者之间的过渡性岩石以及含泥质、硅质的石灰岩和白云岩也占有相当比例[1]。不同类型的碳酸盐岩由于其岩石化学成分和结构的不同,岩溶发育的差异较大。一是在地表和地下形成丰富多样的具有与岩性相适应的岩溶个体形态和组合形态;二是形成地表与地下相互联系的岩溶空间,并在地质构造、新构造运动以及地形、水动力等因素的影响下,在平面和垂向的分布上反映出较强的规律性,进而控制了不同类型碳酸盐岩中地下水的赋存和运移条件。岩溶环境下丰富的地下水径流使得地下换热器与岩体之间、蓄能岩体与周围岩层之间存在对流换热,进一步改变了蓄能岩体内的传热和蓄热机理,对岩土源热泵长期运行有显著影响。

### 3.1.2 不同碳酸盐岩的岩溶发育特征

不同碳酸盐岩中岩溶发育特征不同,从而导致地下水流场补给、径流、储存和排泄条件不同,进一步控制了蓄能岩体的传热和蓄热机理,是地下换热器计算、设计和施工的基础。

关于碳酸盐岩的溶蚀机理的主要的结论可概括如下[1]:

（1）石灰岩的孔隙率很低,白云岩类中,尤其是白云岩的孔隙率普遍较高,比石灰岩高若干倍。

（2）石灰岩的溶蚀度比白云岩类的溶蚀度要高。

（3）碳酸盐岩的成分是溶蚀度大小的控制因素。

通过溶蚀作用的差异试验对方解石与白云石进行比较,前者具有较高的溶解速度[2],因此,岩石中氧化钙与氧化镁的含量比决定了碳酸盐岩岩溶的发育程度,表现为石灰岩的岩溶发育强度远大于白云岩,质纯碳酸盐岩优于不纯的碳酸盐岩。

碳酸盐岩的结构对岩溶的发育也起着重要制约作用。碳酸盐岩的结构总体上由颗粒、泥晶、亮晶和孔隙四大部分组成,其中岩石中的孔隙率大小对岩石面溶蚀速度和方式影响较大。

白云岩的原生孔隙率远大于石灰岩的,并且白云岩的颗粒以白云石为主,而以钙质的泥晶和亮晶作为基质,由于碳酸钙的溶蚀速度远大于碳酸镁的,加之受构造运动的影响,特别是早古代的白云岩中形成了众多的网络状的相对均匀的构造裂隙和节理,增大了白云岩的孔隙率,为地下水的活动提供了良好的空间条件,使白云岩在地下水的作用下形成了一种类似"弥散"式的相对较为均匀的溶蚀形式,从而在白云岩类岩石中形成了多孔、多缝组合的小型孔洞裂隙组合空间,如图3-1所示。

石灰岩类的溶蚀机理和岩溶发育与白云岩差异甚大。石灰岩以氧化钙为主要化学成分,以方解石为主要矿物成分,颗粒基质均以碳酸钙为主要的岩石结构,岩石原生孔隙率较小,使石灰岩岩层中地下水对岩石的溶蚀主要沿层面以及

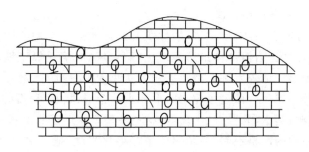

图 3-1　白云岩"弥散"溶蚀形式[1]

后期由于构造活动作用产生的节理和裂隙进行,并在溶蚀和水流的机械冲刷作用下,沿裂隙面呈"扩展"式溶蚀,从而在岩石中形成了单个规模较大的、分布极不均匀的溶蚀裂隙和洞穴,如图 3-2 所示。

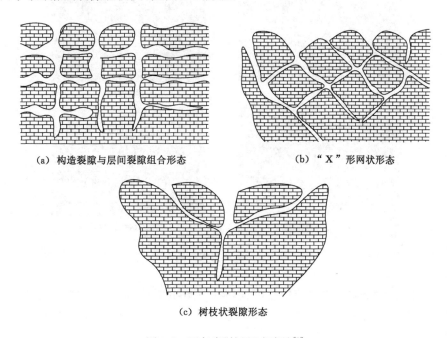

(a)　构造裂隙与层间裂隙组合形态　　　　　　(b)　"Ｘ"形网状形态

(c)　树枝状裂隙形态

图 3-2　石灰岩"扩展"式溶蚀[1]

### 3.1.3　岩溶形态特征

　　碳酸盐岩的岩性和结构的差异导致不同类型碳酸盐岩中岩溶发育的特点及形成的岩溶形态也存在较大的差异,进而影响岩溶地下水系统中地下水的形成、赋存和循环[1]。

### 3.1.3.1 石灰岩分布区的岩溶形态

在石灰岩分布区,在地质构造、岩性组合及新构造运动的共同作用下,岩溶个体形态呈多样性。岩溶个体形态表现为峰丛、峰林、溶丘等正地形和盆地、谷地、洼地等负地形。地表宏观岩溶形态组合类型有峰丛洼地、溶丘谷地、峰林谷地、溶蚀盆地及溶原等。微型个体岩溶形态主要有石芽、石笋、石柱、溶隙、溶沟、溶槽、洼地、溶洞、落水洞、竖井、天窗等,这些微型个体形态的出露和分布受地质构造、地形和地貌的严格控制,显示出区域岩溶化程度、地下水的运移和岩溶发育方向。其中,落水洞、漏斗是垂直循环带内岩溶向深性发育的标志,也是地下水接受大气降水补给或地表水进入地下含水层的通道,如图 3-3 所示。

（a）溶蚀沟槽    （b）地表石芽

（c）落水洞    （d）刀砍纹白云岩

图 3-3　岩溶形态对比[2]

地下岩溶个体形态以溶蚀裂隙、溶洞以及溶蚀管道为主要类型,统称为岩溶洞穴。在一个岩溶流域系统中三者往往并存,构成岩层中的地下空间网络,并作为地下水赋存和运移空间。

### 3.1.3.2 白云岩分布区的岩溶形态

白云岩分布区的岩溶个体形态类型总体上与石灰岩分布区的大致相同,区别在于白云岩分布区地表落水洞不发育,地下溶蚀空间的规模较小,突出表现为溶蚀的小型孔洞、裂隙,大型的溶洞、管道以及地表落水洞、竖井少见。

白云岩地面岩溶个体形态特征主要有岩溶谷(盆)地、石芽、溶柱等,地下岩溶洞穴形态主要有溶孔、溶隙(缝)等。

### 3.1.4 岩溶发育空间分布特征及岩溶带

#### 3.1.4.1 岩溶发育平面分布特征

以贵州省为例,省内主要河流源头集中在贵州省的西部地带[1]。挽近构造运动使贵州高原呈西部向上抬升的形态,导致河流下切加速,溯源侵蚀强烈,高原斜坡上河床坡降陡,水力坡度大,水流的侵蚀溶蚀能力增强,为岩溶强烈发育创造了极为有利的水动力条件,塑造出地表峰丛、峰林、缓丘、丘原、盆地、洼地、谷地及深切峡谷等相互组合的岩溶地貌景观和纵横交错的地下岩溶洞穴系统。

在特有岩溶地质背景、新构造运动和地形条件的控制下,贵州省内岩溶发育的强度总体表现为从西向东,由分水岭向河谷地带呈逐渐增强之势,从而在岩溶地貌组合形态的分布上也呈现由峰林坡立谷向峰丛洼地、峰丛峡谷形态过渡变化趋势。不同地段岩溶发育在平面上显示出明显的分带性特征:

(1)在高原台面(分水岭)地带,地面岩溶化程度高,近代岩溶以水平方向的继承性为主。岩溶类型多以层状溶洞、岩溶盆地、峰林洼地、峰林坡立谷、峰林槽谷等为主,岩溶沿溶蚀裂隙发育,个体岩溶形态发育密度为 3.8 个/km²。

(2)在斜坡地带,为适应侵蚀基准面的下降,地下水垂直循环带的厚度加大,地下水位埋深多在 100 m 以上,水力坡度大,流速快,岩溶水垂直循环交替强烈。地表形成岩溶深洼,洼地中发育了落水洞、漏斗及竖井。岩溶个体形态发育密度为 3~4 个/km²。

(3)在峡谷区,水循环交替加快,地下水坡降急剧增加,岩溶向深性发育强烈。地下水位大于 100 m,地表岩溶形态逐渐减少,个体形态发育密度多小于 2 个/km²。在地表形成峰丛洼地及峰丛峡谷。

#### 3.1.4.2 岩溶垂向发育特征

(1)表层岩溶带。

表层岩溶带[1]是可溶岩向深部岩溶化的第一个岩溶发育带。不同地貌类型区中表层岩溶带发育程度不同,在其平面分布上表现出不连续、厚度不均匀等特征。表层岩溶水主要靠上覆土层中的孔隙水来调节,规模小,连续性差。这类地下水系统被划分在包气带中。

(2)饱水带岩溶。

饱水带岩溶[1]是地下水位以下,常年处于饱水状态的碳酸盐岩中的岩溶。本带的岩溶作用与岩性、构造及地下水的运动方式密切相关,主要反映为不同碳酸盐岩中岩溶空间形态的类型和岩溶作用在三维空间上拓展的均匀性。

(3)古岩溶。

"古岩溶"[1]是燕山运动以前发育的岩溶形态。以贵州省为例,古岩溶发育的层位主要为二叠系中统茅口组（$P_2m$），另外在灯影组（$Z\in d$）、寒武系中上统（$\in_{2-3}$）、泥盆系上统（$D_3$）等地层中亦有发育。

二叠系茅口组是贵州省分布最广的碳酸盐岩地层之一，以石灰岩岩性纯、厚度大、岩溶极为发育为特征。该层位中不但有近代发育的岩溶，还有燕山期以前发育的"古岩溶"。近代岩溶主要表现为茅口组地表裸露的区域，而古岩溶则主要分布在埋藏于地下的茅口组与上覆基岩地层接触的地带。

茅口组古岩溶台地区为地势相对较高的高地，总体上地势较为平坦，以侵蚀作用为主，总体表现为在地表径流的侵蚀和溶蚀在地表形成大量的溶蚀沟槽，渗入地下的水流由于水力坡度小，径流速度慢，岩溶作用以横向作用为主，在地下岩石中形成了以孔、缝组合为主的网溶蚀空间。

斜坡是岩溶台地和岩溶盆地之间的过渡地带，由于地形坡度较大，地下水动力条件较好，水循环交替强烈，因此，通常在地表发育成为规模较大的溶蚀沟槽、峰丛等，在地下则发育成规模较大的洞穴和管道，且多不均匀。缓斜坡区坡度相对较缓，茅口组石灰岩中水平和垂向岩溶均较发育，并发育成一些规模均较大的溶蚀缝隙、洞穴和管道，具有较好的相互连通性，使这些溶蚀空间多未被充填。

盆地区是区域上地下水的集中汇流区，地下水基本上处于滞留状态，因此，岩溶的发育程度一般较低。

## 3.2　岩溶地下水系统

### 3.2.1　地下水类型及岩层含水性

#### 3.2.1.1　地下水类型

受岩石构造及溶蚀作用的影响和控制，碳酸盐岩中存在溶孔、溶隙、溶洞（管道）三种基本含水的岩溶空间，但不同类型的碳酸盐岩中溶蚀空间组合类型差异较大。其中，溶孔-溶隙组合是白云岩中的典型组合类型，是分散体积渗滤溶蚀的结果；溶洞-管道是以石灰岩为主的地层中溶蚀空间组合形态，具有以集中带状径流溶蚀为主的特征；溶隙-溶洞的组合则主要发育于白云质灰岩、白云岩与灰岩互层及含泥质的不纯石灰岩等地层中。

因此，以贵州省为例，根据含水介质的组合及水动力特征，可以将岩溶水类型分为溶洞-管道水、溶隙-溶洞水及溶孔-溶隙水三个亚类[1]。

溶洞-管道水主要分布于石灰岩分布区，含水介质以溶洞-管道组合为主，并以暗河形式出现。地下水多集中径流，岩层富水性极不均匀，流态呈紊流，动态表现为极不稳定、暴涨暴落。

　　溶隙-溶洞水主要赋存于不纯石灰岩和石灰岩与白云岩互层的地层分布区,含水介质主要为脉状溶蚀裂隙和与之相通的溶洞,岩层含水性一般不均匀,地下水动态不稳定。

　　溶孔-溶隙水主要赋存在白云岩和不纯白云岩地层中,集中分布于黔北、黔东、黔东南和黔中一带,黔西北零星分布。含水介质为细小的溶蚀孔洞、孔隙,岩层含水性相对较均匀。岩溶盆(谷)区地下水运移缓慢,流速小,径流分散,流态呈层流,具有统一的流场和地下水位,地下水位埋藏浅。

### 3.2.1.2　含水岩组

　　岩溶含水岩组指赋存岩溶水的碳酸盐岩层组单元,根据岩性差异及组合形式的不同划分为纯碳酸盐岩含水岩组和不纯碳酸盐岩含水岩组两个大类。其中,纯碳酸盐岩含水岩组根据含水介质特征又进一步划分为石灰岩溶洞-管道含水岩组、白云岩溶孔-溶隙含水岩组,以及白云质灰岩或白云岩石灰岩互层的溶隙-溶洞含水岩组三个亚类[1]。

　　以贵州省为例,石灰岩溶洞-管道含水岩组有三叠系嘉陵江组、巴东组,二叠系栖霞-茅口组,石炭系威宁组、南丹组、马平组,寒武系清虚洞组等。地表岩溶漏斗、岩溶洼地、落水洞、地下河天窗、竖井、地下暗河、溶洞发育,地表多形成峰丛洼地、峰丛沟谷,该含水岩组含水性极不均匀,地下水多以岩溶大泉及地下河集中排泄,并具有出露水点多、流量大的特征。

　　白云岩溶孔-溶隙含水岩组代表性含水岩组有三叠系安顺组、关岭组第三段,泥盆系高坡场组,寒武系娄山关组,震旦系—寒武系灯影组等。溶孔、溶隙发育,含溶孔-溶隙水,地下河不甚发育,岩层含水性较均一,地下水多以小型泉群或分散排泄为主。

　　白云质灰岩、白云岩与石灰岩互层溶隙-溶洞含水岩组较多,主要有三叠系垄头组、杨柳井组、嘉陵江组,石炭系尧梭组,奥陶系桐梓-红花园组等。单个地层岩层厚度不大,含溶隙-溶洞水,岩性变化频繁,导致含水性不均一,泉水(地下河)流量一般小于石灰岩溶洞-管道水含水岩组,大于白云岩溶孔-溶隙水含水岩组。

　　此外,还有不纯碳酸盐岩含水岩组,主要包括三叠系中统关岭组第一段、第二段,泥盆系望城坡组,志留系石牛栏组,石炭系下统上司组等。主要特点为岩石含泥质重、岩溶发育差,多为小型孔洞、缝组合,地下河规模小,地下水以泉的形式排泄。

## 3.2.2　岩溶地下水系统

　　在岩溶区岩溶多重介质环境[2]内部,存在由地下水-岩相互作用形成的碳酸盐岩岩溶空隙空间体,通过地下水的运动和循环一以贯之,并以岩溶集中性通道或强径流带为主链,辅以岩溶裂隙和岩溶孔隙群为支链,形成完整的地下水储导系统,称之为岩溶地下水系统。有多种岩溶含水介质类型及其组合具有时空展布的多样性、复杂性与多变性等特点。岩溶多重介质环境内岩溶地下水系统的塑造是一个复杂的化学、物理和生物作用过程,并受控于地质、气候和人类活动等多种因素。

岩溶地下水系统指具有完整的补给、径流、排泄体系的独立岩溶水文地质单元。根据地下水的赋存、水动力条件及排泄方式,以贵州省为例,可将岩溶地下水单元划分为表层带岩溶水系统、集中排泄岩溶水系统和分散排泄岩溶水系统三种类型[1]。

### 3.2.2.1 表层带岩溶水系统

表层带岩溶水系统指岩溶山区地表以下,表层岩溶带中形成的一种规模小、连续性差的地下水系统。在传统的水文地质分带中,这类地下水系统被划分在包气带中,可以认为岩体处于地下水不饱和区当中。

### 3.2.2.2 集中排泄岩溶水系统

(1)集中排泄岩溶水系统分类。

集中排泄水系统主要包括地下河系统、岩溶大泉系统两个亚类[2]。

地下河是碳酸盐岩分布区特有的岩溶水文地质现象,特别是在石灰岩大面积分布区,岩溶作用强烈,在可溶岩体中形成了单一或复杂的地下管道系统,是岩溶地下水径流与排泄的主要形式。可溶岩、构造断裂是地下河发育的地质基础。地下河发育的规模和展布格局严格受岩性、构造、地形地貌等因素制约。岩性不同,地下河发育强度亦不同。质纯石灰岩中,地下河较为发育,地下河洞穴大,充填物较少,发育完善。地下水沿裂隙、节理、断裂运动,对可溶岩进行溶蚀及改造,从而导致岩溶管道的形成。

地下河具有一定的汇水面积和补、径、排条件体系,构成一个完整的水文地质单元。在地下河流域内,岩溶发育强烈,地表多见岩溶洼地、落水洞、竖井、天窗等岩溶个体形态,它们在平面上多呈串珠状排列,显示了地下河管道的存在,在一定程度上反映了地下河在平面上展布的轨迹。

受控于地质构造,地下河平面形态多样。根据地下河的平面展布,可将其分为单枝状、羽状和树枝状三大类型。① 单枝状地下河结构:在平面和空间上呈单一径流管道,主要发育于碳酸盐岩与碎屑岩相间分布的紧密褶皱区,其分布、延伸严格受碳酸盐岩层的控制,具有规模和流量小的特点。② 羽状地下河系统:在空间展布由主干管道及次级小管道的组合形成,主要发育在碳酸盐岩构造裂隙、节理发育的区域。受节理、裂隙发育方向性差异的影响,沿主导裂隙发育形成地下河管道,沿规模较小的次裂隙断裂或发育成地下河支流,主干与支流组合构成羽状地下河。此种类型较常见于岩层产状较平缓的峰林谷地、溶丘谷地区。③ 树枝状地下河结构系统:是最主要的地下河结构形态。由两条或两条以上的地下河管道组合形成,平面上形如树枝,多形成于褶皱平缓、质纯层厚的石灰岩区,岩石中的主导裂隙经溶蚀作用形成主管道,次级裂隙经溶蚀作用形成支管道。此种结构形态的地下河系统具有流域面积大、流量大的特点。

岩溶大泉系统是碳酸盐岩中地下水露头的另一种形式,具有较完整的流域边界,构成完整的水文地质单元,地下水排泄形式与地下河的相同,具有集中排泄的特点。不同之处在于地下水系统中含水岩层中没有形成明显的地下水集中径流管道,溶蚀裂隙、溶洞是地下水的主要赋存和运移空间,岩层含水性相对地下河系统较均匀。

地下河及岩溶大泉系统的补给源有大气降水、地表水。补给区界线不明显,岩溶山区整个流域范围内均接受大气降水补给,流域内发育的落水洞、伏流入口、竖井、岩溶洼地等都是汇集大气降水、地表水入渗补给地下水的通道。

系统内一般上游地下水埋藏较深;中游地下水较浅,岩溶化在水平上扩展;下游岩溶发育深度加大,岩溶向深性逐渐加强,地下水位亦加深,水力坡度加大。

地下水在含水层中趋向管道集中,深切割的河谷、沟谷成为集中排泄岩溶水系统中地下水排泄的主要场所,在排泄边界受断层或阻水岩层封闭的地带,也往往是本类系统地下水集中排泄的地带。

(2) 集中排泄岩溶水系统地下水动态特征。

受地形地貌、地层岩性、地质构造、气候水文等因素的控制,在不同流域类型中,集中排泄岩溶水系统地下水动态特征有所差异。

峰丛山地斜坡型和河谷斜坡型岩溶流域发育的地下河及岩溶大泉系统内,地表往往岩石裸露强烈,地形起伏大,并受深切割的"开放型"排泄边界影响,地下水水力坡度变化大,地下水运动呈极不稳定的紊流,具有快速补给、快速排泄的特点,受季节变化影响大,地下水流量变化率在 100 倍以上,地下水动态曲线呈极不规则多峰锯齿状,为极不稳定型。

在垄岗槽谷型和山间盆地型岩溶流域,地势起伏较小,槽谷和盆地为覆盖型岩溶区,地形较平缓,排泄基面多为浅切甚至阻水断裂或岩层,系统中地下水运移相对较平稳,水力坡度小,流速缓,循环交替程度远弱于峰丛山地斜坡区和河谷斜坡区,地下河出口及泉动态曲线呈舒缓波状,多为不稳定-缓变型。

### 3.2.2.3　分散排泄岩溶水系统

分散排泄系统的含水岩组以白云岩为主,含水空间多为小型岩溶孔洞、裂隙、网状溶蚀裂隙组合,规模较大的溶洞、裂隙及岩溶管道少见。岩层中空间总体上较均匀,断裂带和节理密集带往往是含水空间最发育的地带。

分散排泄系统内地下水的补给源主要是大气降水,其次有地表水、农田灌溉水补给。地表岩溶洼地、落水洞等不发育,岩层中发育溶隙、裂隙是大气降水向地下入渗的主要通道。

分散排泄型的地下水系统绝大部分都分布在高原台面上,高原台面斜坡和河谷斜坡区亦有零星分布。在地貌上,地下水系统的周边常形成厚大的峰丛山体,腹部则形成较宽阔的盆地和谷地,山体地带基岩多裸露,为大气降水向地下垂向入渗补给区,地下水接受补给后在重力作用下向盆地、谷地汇流。盆地和谷地地带地表均为第四系土层覆盖,大气降水垂向补给条件相对较差,来自山区的侧向补给为盆地和谷地中地下水的主要来源。

以白云岩为主的岩性以及密集的裂隙孔洞介质,使本类型地下水系统中岩层含水相对较为均匀,特别是在地下水汇流的盆地、谷地地带形成"似层状"的含水层,具有一定的地下水流场。微小的地下水赋存和运移以及较为平缓的地形,使地下水水力坡度多在0.5%以下,地下水运移缓慢,循环交替较弱,地下水的运动服从渗流特征。同时,含水层不同方向上的导水性差异不太大。

受地质构造控制,沿断裂和节理密集带,在相对较均匀的含水层中富水性也可呈现较大差异,常成为地下水最富集、渗透性最强的集中径流带,常作为在本类型中寻找和开发地下水的靶区。

系统中地下水以分散的小泉或散流排泄为主,但在一些受断裂或隔水层阻隔的系统中,亦可能发育少量流量较大的岩溶大泉。

## 3.3 裂隙岩体结构特征

裂隙岩体[3]是一种自然历史物体,位于一定的地质环境之中,是在各种宏观地质界面(断层、节理或裂隙、破碎带、接触带、片理等)分割下形成的有一定结构的地质体。由于上述各种宏观地质界面(又称不连续面或结构面)的不规则延伸交切,构成了岩体独特的裂隙网络结构,进而控制了裂隙岩体的各种力学及水力学行为。因而,对裂隙岩体网络结构特征的研究,成了对裂隙岩体水力学、力学及热力学特性研究的基础。

### 3.3.1 裂隙岩体结构的基本特征

裂隙岩体是地质体的一部分,它由结构面(断层、节理或裂隙、破碎带、接触带、片理等)和被结构面切割成的岩块结构体构成。裂隙岩体中结构面和结构体的排列组合方式构成了裂隙岩体的结构特征,因而,结构面和结构体[3]又被称为岩体结构中的两大要素或岩体结构单元。

#### 3.3.1.1　结构面

结构面是指岩体内开裂的和易开裂的地质界面,包括断层、节理或裂隙、破碎带、接触带和片理等。它常充填一定的物质,具有一定的张开度,不等同于几何学中真实的面。在地质实体中,结构面是由一定的物质组成的,例如节理和裂隙是由两个面及面间充填的水或气的实体组成的;而断层及层间错动面是由断层上下盘两个面及面间充填的断层泥和水(气)构成的地质实体组成的。

#### 3.3.1.2　结构体

岩体被结构面切割成的岩石块体或分离块体称为结构体。结构体的特征可通过其形状、块度及级序表现出来。根据结构面与结构体之间的特殊概念关系,可以看出它们是相互依存的,主要表现在三个方面:

(1)结构体形状受结构面组合情况的控制。

(2)结构体块度或尺寸与结构面间距密切相关。

(3)结构体级序与结构面级序具有相互依存关系。

#### 3.3.1.3　岩体结构

岩体结构[3]是在漫长的地质历史发展过程中形成的,它以特定的建造(如沉积岩建造、火成岩建造和变质岩建造)为物质基础。特定的建造确定了岩体的原生结构特征,而岩体本身所经历的不同时期、不同程度的内生构造作用及外生、表生作用(如卸荷、风化、地下水作用等)对原生结构的改造,使得岩体结构趋于复杂,因此岩体结构是建造与改造两者综合作用的产物。

由于岩体结构是工程活动中控制岩体行为的物质基础,再加之其形成过程中的复杂性,就有必要按一定的准则对其进行分类。这种划分始于 20 世纪 60 年代,主要按结构面特征及其空间组合形式、发育密度等为依据(表 3-1)。随着人类工程实践活动的深入和对岩体结构认识的深化,又出现了以岩体结构面类型、结构面切割程度或结构体类型及岩体原生结构为分级划分依据的岩体结构分类方案(表 3-2)。

**表 3-1　岩体结构类型分类表[4]**

| 结构类型 | 分类依据 |
|---|---|
| 完整的(intact) | 无软弱结构面 |
| 板状的(tabular) | 一组软弱结构面 |
| 柱状的(columnar) | 两组软弱结构面 |
| 块体状的(massive) | 三组软弱结构面,裂隙间距>180 cm |

表 3-1(续)

| 类型 | 分类依据 |
|---|---|
| 块状的(blocky) | 三组软弱结构面,裂隙间距 30～180 cm |
| 裂隙化的或夹有夹层的(fissured or seamy) | 软弱面不规则分布,通常伴有断层 |
| 破碎的(broken) | 呈碎片状,裂隙间距 7.5～30 cm |
| 非常破碎的(very broken) | 呈碎片状,裂隙间距＜0.75 cm |

表 3-2　岩体结构分类方案[3]

| 级序 | | 结构类型 | 划分依据 | 亚类 | 划分依据 |
|---|---|---|---|---|---|
| I | I－1 | 块裂结构 | 多组软弱结构面切割,块状结构体 | 块状块裂结构 | 原生岩体结构呈块状 |
| | | | | 层状块裂结构 | 原生岩体结构呈层状 |
| | I－2 | 板裂结构 | 一组软弱结构面切割,板状结构体 | 块状块裂结构 | 原生岩体结构呈块状 |
| | | | | 层状块裂结构 | 原生岩体结构呈层状 |
| II | II－1 | 完整结构 | 无显结构面切割 | 块状块裂结构 | 原生岩体结构呈块状 |
| | | | | 层状块裂结构 | 原生岩体结构呈层状 |
| | II－2 | 断续结构 | 显结构面断续切割 | 块状块裂结构 | 原生岩体结构呈块状 |
| | | | | 层状块裂结构 | 原生岩体结构呈层状 |
| | II－3 | 碎裂结构 | 坚硬结构面贯通切割,结构体为块状 | 块状块裂结构 | 原生岩体结构呈块状 |
| | | | | 层状块裂结构 | 原生岩体结构呈层状 |
| 过渡型 | | 散体结构 | 软、硬结构面混杂,结构面无序状分布 | 碎屑状散体结构 | 结构体为角砾,原生岩体结构特征已消失 |
| | | | | 糜棱化散体结构 | 结构体为糜棱质,原生岩体结构特征已消失 |

### 3.3.2　裂隙岩体结构的统计分析

　　岩体结构面网络作为裂隙岩体结构的基本格架,是由大量具有基本要素(包括产状、形态、规模、间距、张开度等)的结构面排列组合构成的。裂隙岩体中各种不同地质成因的软弱结构面(如节理或裂隙、层面、断层面等)的几何分布特征和物理力学性质,对于裂隙岩体的强度、变形和渗透性有着决定性的影响[3]。

#### 3.3.2.1　裂隙岩体结构特征统计分析定量模式化程序

　　对于裂隙岩体结构特征的统计分析,通常基于图 3-4 所示的定量模式化程序进行。根据图 3-4，首先对裂隙岩体结构原型进行结构面方位（即结构面产状）统计分析，判定岩体结构面的优势方向，划分不同的结构面组。在此基础上分组进行统计分析，确定各组结构面的下列几何参数[3]：

（1）平均倾向（$\bar{\alpha}$）。

（2）平均倾角（$\bar{\beta}$）。

（3）平均迹长（$\bar{l}$）。

（4）平均密度（$\bar{\rho}=1/\bar{s}$，其中 $\bar{s}$ 为平均间距）。

（5）平均粗糙度（$R_{JRC}$）。

（6）平均张开度（$\bar{b}$）。

（7）平均连通率（$\bar{K}_L$）。

裂隙岩体结构原型经模式化以后给出如图 3-4(c)所示的模式图，最后将分组模式图综合起来即可得到裂隙岩体结构特征统计分析的定量化模式[图 3-4(d)]。

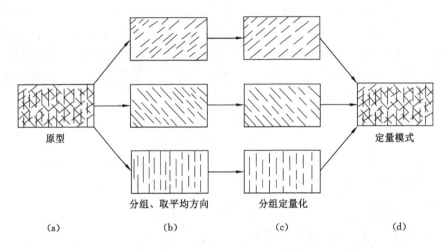

图 3-4　裂隙岩体结构特征统计分析定量模式化程序[4]

### 3.3.2.2　结构面的优势方向和迹长统计分析

裂隙岩体结构面的优势方向指裂隙岩体中结构面较发育的方位，裂隙岩体中的结构面展布可以有一个或多个优势方向，通常以结构面产状[3]的统计分析结果表述。

裂隙岩体中结构面的尺度范围从深大断裂到显微裂纹，变化巨大，在裂隙岩体结构研究中仅限于百米以下厘米以上的尺度范围。通常对结构面尺度范围的描述用该结构面与岩体测量露头面交线（即结构面迹线）的长度表示，即结构面迹长（$l$），而迹长的一半定义为半迹长（$l'$）[3]。

通常情况下结构面迹长的量测是在裂隙岩体露头面上进行的,由于受其露头条件的限制,结构面迹长的实测比较困难。针对这种状况,不少学者进行了探讨性研究,提出了各种迹长实测统计方法,其中常采用的方法有测线量测和统计窗两种。

实测分析和理论研究表明,结构面迹长的分布形式有负指数分布和对数正态分布两类。

### 3.3.3 裂隙岩体结构面间距或密度的统计分析

结构面间距或密度[3]是反映裂隙岩体中结构面组发育情况的一个重要几何参数,其中结构面间距是指同一组结构面在法线方向上两个相邻面的距离,常用 $s$ 表示;结构面密度则是指该组结构面法线方向上单位长度内结构面的条数,用 $\lambda$ 表示,在数值上为间距 $s$ 的倒数,故结构面密度可通过间距的测量而获得。

结构面间距是比较容易在现场量测的几何参数,通常在野外通过测线量测法获取。量测的基本方法是:在裂隙岩体露头面上布置一条测线,尽可能使其与被测方向结构面组的走向相垂直,逐条记录其与同组相邻结构面的视间距 $d$ 和其倾向与测线的夹角 $\theta$,测量完毕后按式(3-1)求取结构面组相应的间距值,同时也可取其算术平均值作为方向结构面组的间距均值[3]。

$$D_i = d_i \cdot \cos \theta_i, D = \frac{1}{n} \sum_{i=1}^{n} D_i, i = 1, 2, \cdots, n \qquad (3-1)$$

式中,$D_i$,$d_i$ 为同一方向结构面组中第 $i$ 条结构面与第$(i-1)$条结构面的间距和实测视间距值,m;$\theta_i$ 为第 $i$ 条结构面的倾向与测线的夹角,(°);$D$ 为方向结构面组的间距均值,m。

### 3.3.4 裂隙岩体结构面表面形态的统计分析

结构面表面形态[4]对裂隙岩体的力学及水力学性质有着显著的影响。通常情况下,裂隙岩体的结构面表面形态不是一个绝对的平面,存在凹凸不平之处,可用相对于结构面平均平面的凹凸不平度来表示结构面的表面形态。结构面表面的凹凸不平度可分为两级:第一级凹凸不平度称为起伏度,常用相对于平均平面的起伏高度 $a$ 和起伏角 $i$ 表示(图3-5)。起伏度反映了裂隙岩体结构面的总体起伏特征,在结构面两侧相对运动的过程中,起伏度的凸起一般不会被剪断,但会导致运动方向的改变。结构面的第二级凹凸不平度称为粗糙度(JRC),反映了结构面上次级微小起伏现象。粗糙度的增大导致结构面摩擦系数的增大,从而提高结构面的强度。

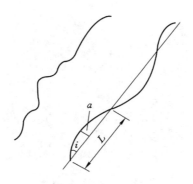

图 3-5　结构面凹凸不平度[5]

### 3.3.5　裂隙岩体结构面张开度的统计分析

裂隙岩体结构面张开度(结构面隙宽)[5]是用来描述结构面开启性的指标,其值为结构面两壁之间的法向相对距离。结构面张开度对裂隙岩体的力学及水力学性质有着显著的影响,构成了裂隙岩体结构特征研究的一个重要指标。

裂隙岩体结构面张开度比较小,单位常以 mm 计,但其数值变化范围较大,差异可达几个数量级。结构面张开度的下限是 1 $\mu$m($10^{-6}$ m),地表处结构面张开度一般为零点几毫米,大者可达几毫米甚至几十毫米(巨型结构面);地下深部结构面张开度大多数不超过 100 $\mu$m(0.1 mm),一般仅几十微米。

对大于 10 mm 的隙宽,用一般的直尺可在岩体露头面上直接测量(图 3-6);对小于 1 mm 的隙宽,可采用塞尺进行量测,塞尺可以测量隙宽大于 0.02 mm 的所有结构面;对于比 0.02 mm 更小的隙宽,则要采用照相法,即将摄有结构面隙缝的底版用幻灯机放大,在银幕上直接测量放大了的结构面张开度,然后除以放大倍数,可得结构面实际张开度值。通过对岩石露头裂隙的大量原型分组和定量化的统计分析,可以在一定程度上推断重现研究区域内裂隙岩体的裂隙特征,并结合岩体水力学、力学及热力学性质奠定定量研究的基础,为岩土源工程项目开发提供设计依据。

### 3.3.6　裂隙岩体结构面网络连通性的统计分析

裂隙岩体结构面网络系统的统计参数中,结构面组产状、迹线长度、密度及隙宽是评价网络系统内部相互连通程度的基本要素,从而应反映在描述裂隙岩体结构面网络系统连通性程度的参数(连通指数、连通度)当中。

裂隙岩体的渗透度 $K$ 定义为[5]:

图 3-6　现场隙宽测量

$$K = HK_c \tag{3-2}$$

式中，$K_c$ 为完全连通网络岩体的渗透度；$H$ 为一个和方向有关的各向异性参数，且 $H \leqslant 1$，定义为裂隙岩体结构面网络的连通度。

对于平面二维结构面网络，按照如下的连通度经验公式计算 $H$ 的值：

$$H = 1 - \exp\left(- \frac{1}{\eta} \sqrt{(a + b + c)N \sum_{i=1}^{n} \bar{l}_i^3 \sin \gamma_i^3}\right) \tag{3-3}$$

式中，$a, b, c$ 为三组结构面的平均迹长；$N$ 为以 $a, b, c$ 为边长的平行六面体内结构面交点数；$n$ 为结构面组数；$\bar{l}_i$ 为第 $i$ 组结构面的平均迹长；$\gamma_i$ 为研究方向与第 $i$ 组结构面法线方向的夹角；$\eta$ 为综合参考系数。

该式表述了连通度 $H$ 与结构面网络中迹线长度、交点数及 $H$ 与结构面法线方向夹角之间的单调递增关系。

# 参考文献

[1] 王明章.贵州省岩溶区地下水与地质环境[M].北京：地质出版社，2015.

[2] 徐一萍.贵州南江大峡谷岩溶水文地质系统研究[D].贵阳：贵州大学，2015.

[3] 蔡美峰，何满潮，刘东燕.岩石力学与工程[M].2 版.北京：科学出版社，2013.

[4] SNOW D T.Anisotropie permeability of fractured media[J].Water resources research，1969，5(6)：1273-1289.

[5] 杨立中，黄涛，贺玉龙.裂隙岩体渗流-应力-温度耦合作用的理论与应用[M].成都：西南交通大学出版社，2008.

# 第4章 场地勘察

## 4.1 岩土体热物性

### 4.1.1 概述

对地埋管换热系统而言,岩土的热物理性质主要反映在以下几个参数:
① 岩土的初始温度;② 岩土的导热系数;③ 岩土的比热容;④ 岩土的热扩散性。

《地源热泵系统工程技术规范(2009 年版)》(GB 50366—2005)对岩土热物性参数做了如下描述。

(1)岩土综合热物性参数:指不含回填材料在内的,地埋管换热器深度范围内,岩土的综合导热系数、综合比热容。

(2)岩土初始平均温度:从自然地表下 10～20 m 至竖直地埋管换热器埋深深度范围内,岩土常年恒定的平均温度,单位为℃或 K。

(3)岩土的导热系数:表示岩土导热能力的物理量,反映了岩土传递分子热运动的性质。导热系数表示沿热传导方向,在单位厚度岩石两侧的温度差为 1 ℃或 1 K 时,单位时间内所通过的比热流量,单位为 W/(m・K)。

(4)岩土的比热容:指单位质量或原状体积岩土温度升高 1 ℃所需的热量。质量比热容单位为 J/(g・K),体积比热容单位为 J/(cm³・K)。

(5)岩土的热扩散系数:指岩土中某一点在其相邻点温度变化时改变自身温度能力的指标,单位为 m²/s。它是反映岩土热传导速度的另一个重要的物理参数。它与导热系数成正比,与热容量成反比。

在本节中,将岩土综合热物性参数和岩土初始平均温度统称为岩土热物性参数。

### 4.1.2 测试目的和方法

岩土的导热系数对地埋管延长米换热量和地埋管总长计算有重要影响[1]。

岩土热物性参数的正确获得是决定整个地源热泵系统经济性和节能性的关键因素。2009 年版的《地源热泵系统工程技术规范》在原有版本的基础上，补充了岩土热响应试验方法和相关内容，明确了应结合岩土热物性参数采用动态耦合计算的方法指导地埋管地源热泵系统设计。

岩土热物性参数一般可以通过查阅前期钻井获得的地质资料、实验室取样测试和现场测试 3 种方法得到[2]。

## 4.2 实验室取样测试

### 4.2.1 岩样导热系数

稳态测试法也称作实验室法，其主要原理是稳态传热过程中导热量与壁体两侧表面的温差成正比，而与壁体厚度成反比，写成数学表达式即：

$$F = \lambda A \frac{\Delta t}{\delta} \qquad (4\text{-}1)$$

式中，$F$ 为单位时间内通过某一截面的热量，即热流量，W；$\lambda$ 为导热系数，W/(m·K)；$\Delta t$ 为样品两端的温差，K；$\delta$ 为样品的厚度，m；$A$ 为样品的横截面积，$m^2$。

通过式(4-1)可以看出若保持加热功率不变，当温度到达稳定状态时，只要测出样品的横截面积 $A$、样品两端的温差 $\Delta t$ 以及样品沿横截面方向的厚度 $\delta$，就可以根据式(4-1)计算出岩土的导热系数 $\lambda$。

采用这种方式测试岩土导热系数的一般方法是首先采集不同深度的岩土样本，然后将岩土样本带回实验室采用稳态平板法测量各个深度的岩土导热系数，最后将各个深度的岩土导热系数加权平均，即可得到测试区的岩土导热系数。

多数导热仪采用计算热流量和样品上下端温度差的方法测试导热系数。具体测试步骤和注意事项参见对应的导热仪使用说明。下面以 TA 仪器 FOX50 导热仪为例说明测试步骤。

#### 4.2.1.1 试样制备

测试样品按如下要求制备：

(1) 应从样品材料中均质部位处取样。

(2) 取样大小成型尺寸不能大于 300 mm×300 mm×(5~50)mm。

(3) 取样后将试样表面平整处理。

(4) 试样两表面应平行，且厚度均匀，与极板接触面应平整且结合紧密。

试验时,可在此面涂上一层相同材料的粉状料或高温导热胶,不能含杂质及灰尘。

(5)粉状材料用围框的办法按上述原理处理(根据用户合同要求配)。

(6)试验前应用游标卡尺测量样品厚度到 0.01 mm 或采用其他方式测量样品厚度,检测 4 个点,取平均值(单位为 mm)并记录下来供试验时使用(设备自带测厚装置的可忽略此步)。

(7)当试样为泡沫或棉质类易压缩的材质时,请依样品厚度制备 3 个或 4 个圆柱形固体支柱,以备测试时使用。

#### 4.2.1.2 样品测试

(1)放样。首先打开电机升降开关,升起仪器热板部分到一定高度,然后将待测试的样品放置于主热板、护热板表面中心位置,如试样为泡沫或棉质类易压缩的材质,此时还需将前面准备的圆柱形固体支柱放置在样品的四角,以防止主热板、护热板放下时压缩样品。

(2)设定恒温箱温度。开启恒温箱电源开关,设定好恒温箱温度,开启恒温箱上的加热、制冷、搅拌和循环开关。

(3)状态检测。旋动电机升降开关,夹紧试样,点击测试主机自带触屏软件中的"进入"按钮,进入检测界面,输入待测样品厚度,再点击界面中的"状态检测"按钮,此时界面中会对应显示出热板(中心温度)、护热板、冷板各自的温度,设定好护热板控制温度(较冷板高 20 ℃)观察各温度变化,护热板按设定温度加热。

(4)测试。当热板(中心温度)与护热板温度达到平衡后,此时系统会自动提示用户测试进入稳态,可进行测试,用户可依系统提示点击"确定"按钮并点击"试验开始"按钮开始测试,当系统给出平均值后用户可依实际情况继续或停止试验。

当用户完成测试时请点击"试验停止"按钮结束测试,记录下测试数据,关设备电源,完成测试。

试验过程中注意事项如下:

① 氮气瓶的气压应该调整至 0.35～0.40 MPa,使用后记得关闭气瓶阀门。

② 样品池大小直径为 5 cm 时建议制备的样品表面磨光滑,大小在直径4 cm 以内,高度 1 cm 以内,越薄越好,这样样品达到平衡的时间会短一些,一般测一个样品需要 1～2 h。

③ 可测样品可以是成型良好的固体,也可以是湿的固体,但是要保证放置样品后不会出现滴水漏水的现象。如果测粉末状固体最好用压片机将其压紧实。测量软的物体(如泡沫、海绵)时,要提前量好厚度并在"thickness"选项

里面设置,否则机器会自动合拢挤压样品,且在测试之前,提前用尺子量好样品高度,然后在"thickness"处设置高度(设置高度应略低于样品高度以保证其接触良好)。

④ 当样品表面不平整时可能出现盖子关闭但却无法完全闭合的情况,此时需要手动按背后的黑色按钮(open)调节。

⑤ "start"为开始测量,"stop"为停止/暂停,"abort"为退出,彻底结束。

⑥ 试验时当"Equil"出现"PE"时,说明即将达到平衡,试验结束。

⑦ 试验的粉末有可能会坠落到机器里,由于机器下方中空粉末会因为重力下坠,因为仪器是气动的不是机械的所以问题不大,不要擅自拆机处理。

⑧ 每隔一段时间要检查循环水是否用尽,如需添加应该加入 2 500 mL 去离子水或者矿泉水。

⑨ 测量完成后会出现一个报告窗口,也就是试验报告。该报告可以以 PDF 格式打印。

⑩ 当不再测量物体时,应该先关闭电脑上的机器窗口,然后关闭测量仪,再关闭冷却器,最后关闭电脑,并保持实验室的干净整洁。

### 4.2.2 岩样比热容

岩土体的比热容可以用混合量热法测定。将一定质量、温度的岩土样品沉入装着水的量热器中,达到热平衡后,按照如下方程计算出岩土样品的比热容。

热平衡方程为:

$$c_p M(T - t') = (c_0 m + w)(t' - t) \tag{4-2}$$

由此计算出样品的比热容:

$$c_p = \frac{w + m}{M} \cdot \frac{t' - t}{T - t'} \tag{4-3}$$

式中,$c_p$ 为被测样品的比热容,单位为 J/(g·℃);$M$ 为岩土样品的质量,g;$m$ 为水的质量,g;$T$ 为岩土样品的初始温度,℃;$t$ 为水的初始温度,℃;$t'$ 为样品和水的混合终温,℃;$c_0$ 为水的比热容,取 1 J/(g·℃);$w$ 为量热器的热容量,J/℃。

### 4.2.3 岩样热扩散系数

将岩土样品的比热容和热导系数测出来以后,依据下列公式计算出样品的热扩散系数:

$$\alpha = \frac{\lambda}{c_p} \tag{4-4}$$

## 4.3 现场测试

可在施工现场开展热响应试验获得岩土的热物性参数,即通过向地下输入恒定的热量,进而检测岩土的温度响应来测试岩土热物性和原始地温。现场测试法是 3 种测量方法中测量结果最为准确的方法。

### 4.3.1 热响应测试的原理

系统模拟夏季制冷和冬季制热两种工况,各工况下系统测试原理如下:

(1)制冷工况。

地埋管换热器向地下的换(排)热量计算公式如下:

$$Q = c_p m_1 (t_g - t_h) \tag{4-5}$$

式中,$Q$ 为地埋管换热器向地下的换(排)热量,kW;$c_p$ 为循环水的定压比热容,取 4.187 kJ/(kg·℃);$m_1$ 为循环水的质量流量,kg/s;$t_g$ 为地埋管换热器的进水温度,℃;$t_h$ 为地埋管换热器的出水温度,℃。

通过测试得到地埋管换热器的换(排)热量,即可得到制冷工况下单位孔深平均换(排)热量 $q$:

$$q = \frac{Q}{L} = \frac{c_p m_1 (t_g - t_h)}{L} \tag{4-6}$$

式中,$q$ 为单位孔深平均换(排)热量,kW/m;$L$ 为换热孔深,m;其他参数同上。

(2)制热工况。

地埋管换热器向地下的换(吸)热量计算公式如下:

$$Q' = c_p m_1' (t_h' - t_g') \tag{4-7}$$

式中,$Q'$ 为地埋管换热器向地下的换(吸)热量,kW;$c_p$ 为循环水的定压比热,取 4.187 kJ/(kg·℃);$m_1'$ 为循环水的质量流量,kg/s;$t_g'$ 为地埋管换热器的进水温度,℃;$t_h'$ 为地埋管换热器的出水温度,℃;

通过测试得到地埋管换热器的换(吸)热量,即可得到制热工况下单位孔深平均换(吸)热量:

$$q' = \frac{Q'}{L'} = \frac{c_p m_1' (t_h' - t_g')}{L'} \tag{4-8}$$

式中,$q'$ 为单位孔深平均换(吸)热量,kW/m;$L'$ 为换热孔深,m;其他参数同上。

(3)用自来水直接测量。

现场可利用自来水供水直接输入测试孔地埋管进行 $q$ 值的测量,如图 4-1 所示。

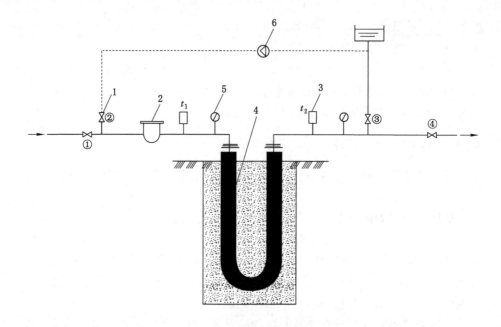

1—截止阀;2—水表;3—温度计;4—地埋管;5—压力表;6—循环水泵。

图 4-1　用自来水直接输入测量示意[3]

使用条件与工况分析如下:

夏季测量时,$t_1 \geqslant T + 5$。

冬季测量时,$t_1 \leqslant T - 5$。

其中,$t_1$ 为自来水水温(进水),℃;$T$ 为岩土初始温度,℃;$t_2$ 为自来水水温(出水),℃。

采用该装置的前提条件是知道地埋管所处岩土的初始平均温度 $T$,可以参考有关的地质资料或附近同类工程的相关数据,如果认为数据不确切,可以按图 4-1 虚线部分进行测量获得。测量步骤:首先,自来水上水供水,使系统(阀①~阀④之间的管道)充满水后关阀①、阀④,阀②、阀③继续开启,启动循环水泵 6,不断让水循环,待进出水温度 $t_1 \approx t_2$ 时,可以认为是岩土无干扰时的初始平均温度 $T$。再按实线进行 $q$ 值的测量:关阀②、阀③,开阀①、阀④。待稳定后读取 $t_1$ 与 $t_2$,以及单位时间的流量 $G$。按下式求得换热量 $Q$:

$$Q = G \Delta t c \tag{4-9}$$

式中,$Q$ 为地埋管换热器的换热量,kW;$G$ 为单位时间自来水的流量,kg/h;$c$ 为水的比热,取 $1.163$ kW·h/(kg·℃);$\Delta t$ 为进出地埋管自来水的水温差,℃。

$$\Delta t = t_1 - t_2 (夏季)$$
$$\Delta t = t_2 - t_1 (冬季)$$

举例:某地区岩土的初始温度 $T \approx 16\ ℃$,自来水温度 $t_1 \geqslant 16 + 5(℃)$时,可以直接用自来水进行测试求得 $Q$ 值,再按式(4-10)计算 $q$ 值:

$$q = \frac{Q}{l} \tag{4-10}$$

式中,$q$ 为单位延长米地埋管换热量,W/m;$Q$ 为按式(4-5)求得的地埋管换热量,kW;$l$ 为地埋管换热器延长米,m,可以取地埋管实长。对单 U 管,$l =$ 孔深 $(h) \times 2$;对双 U 管,$l =$ 孔深 $(h) \times 4$。应注意此处计算出的 $q$ 值与单位井深换热量的区别。若 $l$ 值取孔深 $h$,则计算出的 $q$ 值为单位井深换热量。

本装置的最大缺点是必须先行知道岩土的初始温度值 $T$ 及自来水的水温值 $t_1$,且温差在 5 ℃以上。在工程紧迫、经费较为紧张,且水温符合要求的情况下,该方法仍不失为简捷可靠的方法。

需要注意的是,图 4-1 中循环水泵 6 的流量对单 U 管可取 $G \geqslant 1.2\ \mathrm{m^3/h}$,对双 U 管取 $G \geqslant 2.5\ \mathrm{m^3/h}$,水泵扬程 $H \geqslant 10\ \mathrm{m}$。

(4) 用水源/地源热泵机组直接测量。

如图 4-2 所示,现场可直接用水源/地源机组与地埋管换热器相连接,直接测量测试孔的换热工况,求取 $q$ 值。

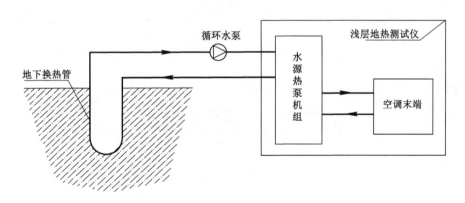

图 4-2　岩土源热响应测试工作系统示意图

以现场时值夏季,测试机组置于制冷工况运转为例。热泵机组制冷后,出水水温 $t_1$ 提高,经地埋管换热器后,水温下降至 $t_2$,进入水源热泵组再循环制冷。根据进、出水温值 $\Delta t = t_1 - t_2$ 及水流量 $G$ 的读数,代入式(4-9)求得换热量 $Q$,再按式(4-10)求取 $q$ 值。

　　如果时值冬季,则把水源热泵机组置于制热工况,机组出水的水温会下降,通过地埋管换热器后,水温上升、再进入机组循环制热,亦同样求得 $\Delta t$ 和水流量 $G$ 的读数,按式(4-9)与式(4-10)求得 $Q$ 及 $q$ 值[3]。

### 4.3.2　热响应测试的设备和步骤

#### 4.3.2.1　循环系统

　　热响应测试仪的循环系统与所要测试的地埋管换热器管路相连接,形成闭式环路,通过仪器内的循环水泵驱动环路内的循环液不断循环。测试仪提供一个能量可调节的热(冷)源,提供的热(冷)量通过水路系统中的循环液释放给地埋管换热系统,最终经地埋管换热系统释放到大地。测试装置通过记录进出地埋管换热器的循环液的温度、流量,计算出岩土热物性参数。循环系统原理图见图4-3。

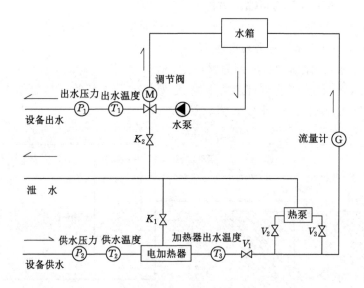

图 4-3　岩土热响应测试循环系统原理图

#### 4.3.2.2　测试主要设备

　　热响应测试的主要设备如下:

　　(1)数字式热电偶温度传感器(图4-4)。

　　(2)水银温度计。

　　(3)地源热泵测试仪(图4-5)。

　　(4)数据采集及显示系统。

图 4-4 数字式热电偶温度传感器

图 4-5 地源热泵测试仪

测试用数据采集及显示系统如图 4-6 所示。测试用数据采集系统主要包括智能温度采集箱、电脑等。该系统能够精确采集到流量计、数字式热电偶温度传感器的电信号,并转换成数字信号,自动记录各点的温度、供回水温度、水流量、系统功率等。

(5)电磁流量计。为了测试竖直换热孔的循环水流量,在系统上设置 1 个电磁流量计。

(6)循环水泵。

(7)水源热泵机组。

岩土源热响应测试工作系统如图 4-2 所示。

图 4-6    数据采集及显示系统

### 4.3.2.3    测试方法

热响应测试的方法如下：

（1）测试位置选取。换热孔测试地点应选取在拟建地埋管系统埋管区内，且应具有代表性，常选取拟建地埋管系统埋管区的中心地带，应远离水井及排水设施，应调查确认地下没有水管、线管等管沟设施，场地应较平整，利于钻井设备及测试车进场作业，且应尽量靠近可用水源及电源。

（2）探头标定方法。为了尽量减小试验中的系统误差，在试验测试前对所有温度测点进行了温度标定。在测试中，技术人员主要对热电偶温度传感器的冰点和沸点进行标定，环境温度作为参考对照值，具体标定方法为：

① 冰点标定。将探头（探头按要绑定的下管位置做好标记）、标准水银温度计置于冰水混合物中（其中探头通过探线连接到智能温度采集仪上），记录探头10 min 后温度读数情况，并对智能温度采集仪上显示的各探头温度参照标准水银温度计的温度进行修正。而后，对智能温度采集仪上的相关参数进行修正，以保证其显示值为标准水银温度计 10 min 后所显温度值。

② 沸点标定。将探头、标准水银温度计置于烧开的沸水中，记录探头10 min 内温度读数情况，并对智能温度采集仪上显示的各探头温度参照标准水银温度计的温度进行修正。而后，对智能温度采集仪上的相关参数再次进行修正，以保证其显示值为标准水银温度计 10 min 后所显温度值。

③ 探头最终标定。对热电偶温度传感器的冰点和沸点进行标定后，对标定

后的各探头在空气温度下的各读数以及该空气温度下的标准水银温度计读数进行比照统计。同时,对于温度不一致的探头,再重新进行冰点和沸点标定,如此反复进行,以保证数据采集系统显示的对应探头的温度值与标准水银温度计的一致。

(3)测试井施工。首先根据工程特点,结合钻孔情况,合理采用埋管形式以及选用岩芯样本,再进行换热管试压。在竖直地埋管换热器插入钻孔前,应做第一次水压试验。在试验压力下,稳压至少 15 min,稳压后压力降不应大于 3%,且无泄漏现象。将其密封保持有压状态,准备下管。在地埋管下管后,钻井回填前应进行地埋管的第二次水压试验。重复上述方法,检验地埋管相关性能是否良好。

(4)换热管下管。为保证换热效果,防止供回管间发生热回流现象,两根换热支管之间需保持一定距离,下管前采用弹簧卡或固定支片将两根换热管进行分离定位,定位管卡的间距为 2~4 m。地埋管系统连接测试前应做排气处理,并进行打压试验以确保 U 形管下管过程中无破损。

(5)测试井回填。回填材料的选择参考《地源热泵系统工程技术规范(2009年版)》(GB 50366—2005)中的技术要求。使用人工回填时尤其要注意回填速度不宜过快,防止井内架空造成回填不实。

地埋管测试井回填示意如图 4-7 所示。在双 U 管中加入一根 PE 管作为水泥砂浆灌浆管,在换热管下管时一同将回灌管延伸至换热孔底部,灌浆管上部与水泥灌浆泵连接,采用匀速灌浆法由下至上进行灌浆回填,从而排除井内空气,保证回填的密实性。

图 4-7　水泥灌浆回填测试井示意图

（6）地埋管与热泵机组连接。在地埋管下管保压工作完成之后，用热熔器将双 U 管和测试仪的进、出水管对应连接，将温度传感器与数据采集系统连接线相连，露出地面的地埋管管段用保温管保温。测试井地埋管与测试仪连接如图 4-8、图 4-9 所示。

图 4-8　测试井地埋管与测试仪接口热熔连接

图 4-9　测试井地埋管与测试车连接示意图

#### 4.3.2.4　测试工况安排

热响应测试的工况安排如下：

地温是地下换热最原始的条件。为了保证原始地温数据的可靠性，对地温进行 24 h 的全天候测试，数据采集系统每 5 min 自动提取一次数据，以全面了解地下温度情况。

为了测试地埋管地下换热系统在制热(制冷)工况下,空调系统连续工作运行时,换热性能是否能够满足空调负荷要求,测试时间必须满足要求(查阅测试时间的要求)。

地源热泵系统在制热(制冷)工况运行一段时间后会造成地下温度的降低(升高),当系统停机、地下换热停止时,地下岩土通过向岩土内部横向和竖向上的热量传递以及地表对外界的换热实现地温的回升(降低),使恢复后的地温及其分布趋近于原始地温并达到稳定。

地温恢复完成主要有两个指标:一是岩土温度要接近原始岩土同层温度;二是同层岩土温度稳定,不随时间发生改变。

#### 4.3.2.5 测试设备撤离及测试井保护

所有设计工况下测试完成后,撤离相关测试设备时,考虑到后续时间里可能会对此测试井做相关测试或者后续施工期间可能会用此测试井对局部办公室进行空调制冷或制热,测试人员应对地埋管地面部分以及测试探线采取初级保护措施,如图 4-10 所示。

图 4-10 地埋管撤离时初级保护现场图

### 4.3.3 热响应测试注意事项

(1)在测试试验开始前,应首先对打井区域进行实地考察,以确定现场测试方案。如果在打井区域内存在成井方案或成井工艺不同的情况,则应各选出一口井作为测试井分别进行测试。

（2）根据《地源热泵系统工程技术规范（2009 年版）》（GB 50366—2005）的成井规范,预先做出测试井。要求测试井与系统中使用的钻井规格相同。在下管、回填等一系列成井工序完成后,将测试井至少放置 48 h,使钻井内温度逐渐恢复至与周围岩土温度一致。

（3）在测试试验开始前,应测试岩土初始温度。可在测试井以外的其他设计打井区域的井中不同深度埋入铂电阻进行测量,也可利用热响应测试井测量初始地温。由于地埋管中流体温度近似等于岩土温度,在成井至少 48 h 后且热响应试验开始前,可将铂电阻插入地埋管中测量不同深度岩土温度的分布情况。

（4）为了确保试验结果的准确性,在试验前需要对温度传感器和流量传感器进行标定和校正。

（5）在测试仪进场之后,应遵守以下几点要求。

① 摆放测试仪时应尽可能地靠近测试井,如果不能就近摆放,应对水平连接管段等外露管段进行保温,并在分析计算时将这部分的热损失考虑进去。

② 测试仪的摆放地点应平整,便于工程人员进行操作。

③ 测试现场应尽可能搭设防护措施,以免测试仪受日晒雨淋的影响。

④ 在对测试仪进行外部设备的连接时,应遵循"先水后电"的原则,以保证施工人员和现场的安全。

（6）在水电等外部设备连接完后,应对测试仪本身以及外部设备的连接再次进行检查。待一切检查完毕后,方可启动测试仪进行测试。启动测试仪时应当按照先数据采集系统,再水泵,后电加热的顺序来进行。在系统启动运行正常后,应当保证试验过程维持不间断测试,一般来说要维持在 48 h 以上,以获得较为可靠稳定的岩土热物性参数。

（7）在测试试验完成后,先关闭电加热设备,再关水泵,后关数据采集系统。从计算机中取出试验测试结果,将传热模型的结果与实际测量的结果进行对比,使得方差和 $f = \sum_{i=1}^{N} (T_{cal,i} - T_{exp,i})^2$ 取得最小值时,调整传热模型后得到的热物性参数即所求的结果。其中 $T_{cal,i}$ 为第 $i$ 时刻由模型计算出的导管内流体的平均温度;$T_{exp,i}$ 为第 $i$ 时刻实际测量的导管中流体的平均温度;$N$ 为试验测量的数据的组数。也可将试验数据直接输入专业的地源热泵岩土热物性测试软件,通过计算分析得到当地岩土的热物性[3]。

### 4.3.4　数据整理及分析

以贵州省某典型碳酸盐地区热响应试验结果为例,介绍数据整理及分析。

**4.3.4.1　测试井参数**

表 4-1 为该案例热响应测试井参数。

**表 4-1　测试井具体参数**

| | 测试井编号 | ZKA-5 | ZKA-7 | ZKB-6 |
|---|---|---|---|---|
| 测试井 | 形式 | 双 U 形 | 双 U 形 | 双 U 形 |
| | 垂直井深/m | 112 | 149 | 149 |
| | 垂直管长/m | 112×4＋4 | 149×4＋4 | 149×4＋4 |
| | 回填材料 | 原浆回填 | 原浆回填 | 原浆回填 |
| | 安装方法 | 机械自重下管 | 机械自重下管 | 机械自重下管 |
| | 井口直径/mm | 150 | 150 | 150 |
| 换热器 | 外径/mm | 32 | 32 | 32 |
| | 内径/mm | 26 | 26 | 26 |
| | 材料 | 高密度聚乙烯管（PE100） | 高密度聚乙烯管（PE100） | 高密度聚乙烯管（PE100） |
| 水文情况 | 地下水 | 有 | 有 | 无 |
| 保温方式 | 保温材料 | 30 mm 厚橡塑 | 30 mm 厚橡塑 | 30 mm 厚橡塑 |

**4.3.4.2　测试步骤**

（1）布置地埋管换热器。

钻孔：钻孔过程中对地质进行评估，并记录每层的岩性结构，快成孔时准备地埋管换热器做打压试验，并且保压至回填结束。

下管：将地埋管换热器下入已打好的成孔中，保证下管的有效深度。

回填：原浆回填，保证回填料均匀密实。

（2）进行热物性测试（图 4-11）。

图 4-11　岩土热物性测试现场

第一步:保证在整个试验过程中都必须有稳定可靠的电源来供电,将试验平台与控制柜通电。

第二步:将测试仪管路接口与地埋管换热器进行连接。

第三步:系统注水,通过注水斗向测试设备中注水,保证系统内空气排空。

第四步:检查热熔接口部位及紧固部位不漏水后,对管道进行保温,避免管道受外界环境温度影响,宜用帐篷进行遮盖,以确保设备、人员安全。

第五步:将试验管路系统中的空气排尽后启动循环泵,当流量稳定趋于恒定后,开启测试设备(测量岩土初始温度时,不开启电加热;进行稳定冬季工况模拟时,连接空气源热泵,开启电加热),正式开始测试试验,进行数据采集。在数据采集过程中,必须保证电源的稳定,使数据能够连续不间断地采集。采集数据包括岩土初始温度、地源进水温度、地源出水温度、加热量、流量等。

第六步:分别连续对试验孔进行现场数据采集,在测试过程中每隔 3 min 进行一次数据采集存储。

### 4.3.4.3 岩土热物性参数计算方法

地埋管换热器与周围岩土的换热可分为钻孔内传热过程和钻孔外传热过程。相比钻孔外,钻孔内的几何尺寸和热容量均很小,可以很快达到一个温度变化相对比较平稳的阶段,因此地埋管与钻孔内的换热过程可近似为稳态换热过程。地埋管中循环介质温度沿流程不断变化,循环介质平均温度可认为是地埋管出入口温度的平均值。钻孔外可视为无限大空间,地下岩土的初始温度均匀,其传热过程可认为是线热源或柱热源在无限大介质中的非稳态传热过程。在定加热功率的条件下,钻孔内、外传热过程及热阻如下:

(1) 钻孔内传热过程及热阻。

钻孔内两根地埋管单位长度的热流密度分别为 $q_1$ 和 $q_2$,根据线性叠加原理有:

$$\begin{cases} T_{f1} - T_b = R_1 q_1 + R_{12} q_2 \\ T_{f2} - T_b = R_{12} q_1 + R_2 q_2 \end{cases} \tag{4-11}$$

式中,$T_{f1}$,$T_{f2}$ 分别为两根地埋管内流体温度,℃;$T_b$ 为钻孔壁温度,℃;$R_1$,$R_2$ 分别看作是两根地埋管独立存在时与钻孔壁之间的热阻,$(m \cdot K)/W$;$R_{12}$ 为两根地埋管之间的热阻,$(m \cdot K)/W$。

在工程中可以近似认为两根管子是对称分布在钻孔内部的,其中心距为 $D$,因此有:

$$R_1 = R_2 = \frac{1}{2\pi\lambda_b}\left[\ln\left(\frac{d_b}{d_0}\right) + \frac{\lambda_b - \lambda_s}{\lambda_b + \lambda_s} \cdot \ln\left(\frac{d_b^2}{d_b^2 - D^2}\right)\right] + R_p + R_f \tag{4-12}$$

$$R_{12} = \frac{1}{2\pi\lambda_b}\left[\ln\left(\frac{d_b}{D}\right) + \frac{\lambda_b - \lambda_s}{\lambda_b + \lambda_s} \cdot \ln\left(\frac{d_b^2}{d_b^2 - D^2}\right)\right] \quad\quad (4\text{-}13)$$

其中地埋管管壁的导热热阻 $R_p$ 和管壁与循环介质对流换热热阻 $R_f$ 分别为：

$$R_p = \frac{1}{2\pi\lambda_p} \cdot \ln\left(\frac{d_0}{d_i}\right), R_f = \frac{1}{\pi d_i K} \quad\quad (4\text{-}14)$$

式中，$d_i$ 为埋管内径 m；$d_0$ 为埋管外径，m；$d_b$ 为钻孔直径，m；$\lambda_p$ 为地埋管管壁导热系数，W/(m·K)；$\lambda_b$ 为钻孔回填材料导热系数，W/(m·K)；$\lambda_s$ 为地埋管周围岩土的导热系数，W/(m·K)；$K$ 为循环介质与 U 形管内壁的对流换热系数，W/(m²·K)。

取 $q_l$ 为单位长度地埋管释放的热流量，根据假设有：$q_1 = q_2 = q_l/2$，$T_{f1} = T_{f2} = T_f$，则可表示为：

$$T_f - T_b = q_l R_b \quad\quad (4\text{-}15)$$

由式(4-12)～(4-15)可推得钻孔内传热热阻 $R_b$ 为：

$$R_b = \frac{1}{2}\left\{\frac{1}{2\pi\lambda_b}\left[\ln\left(\frac{d_b}{d_0}\right) + \ln\left(\frac{d_b}{D}\right) + \frac{\lambda_b - \lambda_s}{\lambda_b + \lambda_s} \cdot \ln\left(\frac{d_b^4}{d_b^4 - D^4}\right)\right] + \right.$$
$$\left. \frac{1}{2\pi\lambda_p} \cdot \ln\left(\frac{d_0}{d_i}\right) + \frac{1}{\pi d_i K}\right\} \quad\quad (4\text{-}16)$$

对于双 U 形地埋管有：

$$R_b = \frac{1}{4}\left\{\frac{1}{2\pi\lambda_b}\left[\ln\left(\frac{d_b^4}{4d_0 D^3}\right) + \frac{\lambda_b - \lambda_s}{\lambda_b + \lambda_s} \cdot \ln\left(\frac{d_b^8}{d_b^8 - D^8}\right)\right] + \frac{1}{2\pi\lambda_p} \cdot \ln\left(\frac{d_0}{d_i}\right) + \frac{1}{\pi d_i K}\right\}$$
$$(4\text{-}17)$$

（2）钻孔外传热过程及热阻。

当钻孔外传热视为以钻孔壁为柱面热源的无限大介质中的非稳态热传导时，其传热控制方程、初始条件和边界条件分别为：

$$\frac{\partial T}{\partial \tau} = \frac{\lambda_s}{\rho_s c_s}\left(\frac{\partial^2 T}{\partial r^2} + \frac{1}{r}\frac{\partial T}{\partial r}\right), \frac{d_b}{2} \leqslant r < \infty, \tau > 0 \quad\quad (4\text{-}18)$$

$$T = T_{ff}, \frac{d_b}{2} < r < \infty, \tau = 0 \quad\quad (4\text{-}19)$$

$$-\pi d_b \lambda_s \frac{\partial T}{\partial r}\Big|_{r = \frac{d_b}{2}} = q_1, \tau > 0 \quad\quad (4\text{-}20)$$

$$T = T_{ff}, r \to \infty, \tau > 0 \quad\quad (4\text{-}21)$$

式中，$c_s$ 为地埋管周围岩土的平均比热容，W/(m·K)；$T$ 为钻孔周围岩土温度,℃;$T_{ff}$ 为无穷远处岩土温度,℃。

由上述方程可求得 $\tau$ 时刻钻孔周围岩土的温度分布。其公式非常复杂,求值十分困难,需要采取近似计算。

当加热时间较短时,柱热源和线热源模型的计算结果有显著差别;而当加热时间较长时,两个模型计算结果的相对误差逐渐减小,而且时间越长其差别越小。一般国内外通过试验推导钻孔传热性能及热物性所采用的普遍模型是线热源模型,当时间较长时,线热源模型的钻孔壁温度为:

$$T_b = T_{ff} + q_1 \cdot \frac{1}{4\pi\lambda_s} \cdot E_i\left(\frac{d_b^2 \rho_s c_s}{16\lambda_s \tau}\right) \tag{4-22}$$

式中,$E_i(i) = \int_i^\infty \frac{e^{-s}}{S} dS$ 是指指数积分,当时间足够长时 $E_i\left(\frac{d_b^2 \rho_s c_s}{16\lambda_s \tau}\right) \approx \ln\left(\frac{16\lambda_s \tau}{d_b^2 \rho_s c_s}\right) - \gamma, \gamma = 0.577\ 216, R_s = \frac{1}{4\pi\lambda_s} \cdot E_i\left(\frac{d_b^2 \rho_s c_s}{16\lambda_s \tau}\right)$ 为钻孔外岩土的导热热阻,$(m \cdot K)/W$。

由式(4-15)和式(4-21)可以导出 $T$ 时刻循环介质平均温度,为:

$$T_f = T_{ff} + q_1 \cdot \left[R_b + \frac{1}{4\pi\lambda_s} E_i\left(\frac{d_b^2 \rho_s c_s}{16\lambda_s \tau}\right)\right] \tag{4-23}$$

式(4-16)或式(4-17)和式(4-23)构成了地埋管内循环介质与周围岩土的换热方程。式(4-23)有周围岩土导热系数 $\lambda_s$ 和容积比热容 $\rho_s c_s$ 两个未知参数,利用该式可以求得。

综合导热系数计算公式:

$$\lambda_s = \frac{Q}{4\pi LS} \tag{4-24}$$

式中,$Q$ 为加热功率,W;$L$ 为钻孔深度,m;$S$ 为回路平均温度与时间对数的斜率。

脉冲热阻的计算(简化)如下:

$$R_{sp} = \frac{1}{4\pi\lambda_s}\left(-\ln Z - 0.577\ 22 + Z - \frac{Z^2}{4}\right) \tag{4-25}$$

式中,$Z = r_b^2/(4\alpha\tau)$。

延长米换热量计算如下:

$$q_c = \frac{T_{max} - T_\infty}{R_b + R_s F_C + R_{sp}(1 - F_C)}$$

$$q_h = \frac{T_\infty - T_{min}}{R_b + R_s F_H + R_{sp}(1 - F_H)} \tag{4-26}$$

式中，$F_C$ 为制冷工况运行份额；$F_H$ 为制热工况运行份额。

#### 4.3.4.4　测试结果分析

（1）岩土热物性参数计算分析。

表 4-2 列出了某碳酸盐岩地区岩土源项目通过热泵热响应试验获得的岩土热物性参数。

表 4-2　岩土热物性参数

| 井编号 | 岩体初始温度/℃ | 综合导热系数/[W/(m·℃)] |
|---|---|---|
| ZKA-5 | 16.95 | 8.80 |
| ZKA-7 | 16.91 | 6.69 |
| ZKB-6 | 16.93 | 7.50 |
| 平均值 | 16.93 | 7.66 |

（2）钻孔单位井深换热量。

根据岩土热物性试验计算岩土体热物性参数数据，结合项目的设计工况，采用专业计算软件进行换热量推演得到数值如表 4-3 所示。

表 4-3　地埋管工况对应换热量表

| 编号 | ZKA-5 | ZKA-7 | ZKB-6 |
|---|---|---|---|
| 冬季工况(5 ℃)<br>换热量/(W/m) | 81.16 | 62.01 | 67.85 |
| 平均值 | | 70.34 | |

通过测试数据以及地质勘查结果来看，该工程项目所在地地下地质情况较复杂，地下水变化较大，3 个测试井深度不一，地下水情况不同，其测试的结果不同。所测综合导热系数为 6.69～8.80 W/(m·℃)，平均值为 7.66 W/(m·℃)，单孔井深取热量为 62.01～81.16 W/m，平均值为 70.34 W/m，适合采用地源热泵系统供暖。

根据《地源热泵系统工程技术规范(2009 年版)》(GB 50366—2005)，该项目只是取热供暖，地下换热器施工图设计时应结合建筑物的全年能耗分析，综合考虑冷、热平衡等多种因素。

#### 4.3.4.5　建议

根据热响应测试结果，对该工程案例设计施工提出如下建议：

（1）在设计布置钻孔数量时应根据布孔形状取上述试验结果加修正系数和安全系数。

（2）在设计时，要充分计算全年冷累积对地埋管系统的影响，要确保地埋管系统冷热基本均衡。建筑面积较大时，宜采用地埋管水平管异程布置。

（3）在设计时，需要确保不同管径的垂直地埋管内介质流速满足紊流要求。

（4）在设计时，必须针对设计的地埋管运行工况进行地源热泵机组选择，因为针对不同的地埋管设计工况，热泵机组的蒸发器冷凝器需要机组厂家进行相对应的设计选型，以确保机组能够在设计的工况下运行。

（5）在设计时，室外地埋管系统要注意考虑地埋管系统的特殊性，确保系统安全、经济、合理、可靠、可控运行。

（6）地埋管钻孔间距不得小于 4 m。

（7）回填材料：原浆回填。

（8）在施工时，加强地埋管施工质量（包括地埋管深度、热熔工艺技术、地埋管间距控制、回填材料、回填方法、回填效果）的技术资料和工程实体资料的管理。

（9）在施工时，加强地埋管后期的成品保护管理，协调好室外各种作业的交叉管理。

（10）该项目因只是采暖取热，因此在设计时，考虑到冷热平衡问题，需要做成复合型地源热泵系统，而不能一味地采用单纯的地源热泵系统。根据工程所在地实际情况，建议增加空气源热泵系统。

需要说明的是，由于地质结构的复杂性和差异性，测试结果只代表工程项目所在地的岩土热物性参数。

# 4.4 导水与含水体勘察

## 4.4.1 技术分类与勘察要求

碳酸盐岩地区工程场地的地质条件、环境工程条件相对其他地区较为复杂。导水与含水体通常包括裂隙、断层、溶洞、溶孔、暗河等，对岩土源热泵项目的建设成本、地埋管换热能力以及岩体热容量和热平衡有显著影响。常用的导水与含水体勘察技术总体可分为地球物理勘察和钻探。钻探技术将在 8.1 节详细介绍，本节主要介绍物探技术以及用于测量地下水流向、流速的示踪法和颗粒成像法。

物探技术是一种适用面广、成本低、效率高的勘探方法,可选用直流电法(电阻率测深法、电阻率剖面法、高密度电阻率法、自然电场法、充电法、激发极化法)、电磁法、探地雷达法、浅层地震法(折射波法、反射波法)、地面高精度磁法等方法。常用地面物探方法及对应工作目的见表 4-4。

表 4-4　常用地面物探方法及对应工作目的

| 工作目的 | 电阻率测深法 | 电阻率剖面法 | 高密度电阻率法 | 激发极化法 | 自然电位法 | 充电法 | 音频大地电场法 | 电磁测深法 | 瞬变电磁法 | 核磁共振 | 重力 | 地震反射 | 地震折射 | 氡气法 |
|---|---|---|---|---|---|---|---|---|---|---|---|---|---|---|
| 确定覆盖层厚度及基岩面形态 | ● | ● | ● | | | | | ● | ● | | ● | ● | ● | |
| 划分含水层和隔水层 | ● | ● | ● | ● | | | | ● | ● | ● | | ● | ● | |
| 划分咸淡水界面 | ● | ● | ● | | | | | ● | ● | | | | | |
| 探测隐伏断层、岩溶发育带、破碎带位置 | ● | ● | ● | | | | ● | ● | ● | | ● | ● | ● | ● |
| 探测岩性接触带位置 | ● | ● | | | | | ● | ● | | | ● | ● | ● | |
| 划分基岩风化带 | ● | | | | | | ● | | | | | ● | ● | |
| 判断构造带充填物性质 | ● | ● | | | | | ● | | ● | | | | | |
| 判断含水层富水性 | | | | ● | | | | | | ● | | | | |
| 探测地下水流速、流向及地下含水体连通性 | | | | | ● | ● | | | | | | | | |

本节中建议的几种常用物探方法一般能够满足勘察需要。物探方法的适用范围和技术要求可参照《城市工程地球物理探测标准》(CJJ/T 7—2017)[4]的有关规定。

需要注意的是,岩土源热泵项目场地通常位于建成区或在建区域,附近存在的金属管网和强弱电管网等会导致电磁干扰,此情况下不宜采用电磁法和地面高精度磁法,建议采用浅层地震法及地震共振成像等不同于常规电磁法的技术手段。

岩土源热泵项目场地的物探工作要求对场地地下200 m范围内的地质构造、裂隙、溶蚀裂隙、溶洞、地下暗河进行推断解译,并推断解译划定场地地下200 m范围内地质构造、裂隙、溶蚀裂隙、溶洞、地下暗河分布范围、空间展布、规模、形态等特征,特别是对岩土源热泵系统地埋管施工不利的溶蚀裂隙、溶洞、地下暗河等进行大致查明;对场地物探成果做出地球物理推断解译评价,划分出场地地下200 m以浅范围内不适宜的岩土源热泵系统施工范围,为岩土源热泵勘察提供地球物理依据。

简单场地可省去或减少此项工作量,若场地为中等复杂场地要求开展此专项调查工作,而对于复杂性场地则要求增加一定工作量。

高密度电阻率法可探测深度较深,目前在市场上得到了较为成熟广泛的应用。本节将说明高密度电阻率法的原理和使用规范、使用步骤。

除了勘探导水体与含水体,地下水流速、流向和水位也是地埋管换热器设计和热平衡分析的重要参数。地下水流速和流向通常用示踪法测定,但由于岩溶环境中水文地质条件复杂多变,近距离内可能存在多个水文系统,示踪法效果不理想。近年来出现了基于高速摄像和计算机图形学的颗粒成像法分析地下水流速和流向。因此,本节还介绍示踪法和颗粒成像法。

### 4.4.2　高密度电阻率法

高密度电阻率法,也称高密度电法,是一种阵列勘探方法,它以岩、土导电性的差异为基础,研究人工施加稳定电流场的作用下地中传导电流分布规律。可根据在施加电场作用下地中传导电流的分布规律,推断地下具有不同电阻率的地质体的赋存情况。野外测量时只需将全部电极(几十至上百根)置于观测剖面的各测点上,然后利用程控电极转换装置和微机工程电测仪便可实现数据的快速自动采集。当将测量结果送入处理终端后,还可对数据进行处理并给出关于地电断面分布的各种图示结果。高密度电阻率法可用于城市地质灾害调查、工程选址、地下断层定位、地下水勘探、堤坝隐患探测、地下污染范围的圈定等。

#### 4.4.2.1　高密度电法的原理

高密度电法的物理前提是地下介质间的导电性差异。和常规电阻率法一样,它通过 $A$、$B$ 电极向地下供电流 $I$,然后在 $M$、$N$ 极间测量电位差 $\Delta V$,从而可求得该点($M$、$N$ 之间)的视电阻率值 $\rho_s = K \Delta V / I$(图 4-12)。根据实测的视电阻率剖面,进行计算、分析,便可获得地下地层中电阻率的分布情况,从而可以划分地层,判定异常等[5]。

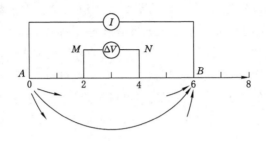

图 4-12　高密度电法原理图[5]

### 4.4.2.2　高密度电法的设备组成

高密度电法数据采集系统由主机、多路电极转换器、电极系 3 部分组成。多路电极转换器通过电缆控制电极系各电极的供电与测量状态。主机通过通信电缆和供电电缆向多路电极转换器发出工作指令、向电极供电并接收和存储测量数据。数据采集结果自动存入主机,主机通过通信软件把原始数据传输给计算机。计算机将数据转换成处理软件要求的数据格式,经相应处理模块进行畸变点剔除、地形校正等预处理后绘制视电阻率等值线图。在等值线图上根据视电阻率的变化特征结合钻探、地质调查资料作地质解释,并绘制出物探成果解释图。

### 4.4.2.3　高密度电法的使用方法

(1)仪器设备的使用要求。

① 仪器应具有即时采集、显示功能,以及对电缆、电极接地、系统状态和参数设置的监测功能;供电方式应为正负交变的方波。

② 多芯电缆应具有良好的导电和绝缘性能,芯线电阻不应大于 10 Ω/km,芯间绝缘电阻不应小于 5 MΩ/km。

③ 电极阵列的接插件应具有良好的弹性簧片和防水性能。

④ 集中式和分布式的电极切换器应具有良好的一致性。

(2)工作布置。

① 装置形式可根据任务要求和场地条件,按《城市工程地球物理探测标准》

(CJJ/T 77—2017)附录 B 选择。

② 应根据分辨力要求,选定点距、线距,异常部位应加密;电极极距和隔离系数应根据探测目标的深度、规模来确定,最大隔离系数应使探测深度不小于目标埋深。

③ 实施滚动观测时,每个排列伪剖面底边应至少有 1 个数据重合点;当底边出现 2 个点以上的空白区时,应在成果图中标明或减小探测深度。

④ 测线两端的探测范围应处于选用装置的有效范围之内,测线两端超出测区的长度不宜小于装置长度的 1/3。

⑤ 同一排列的电极宜呈直线布置,电极位置与设计位置的偏离沿跑极方向不宜大于该极距的 1/10,沿垂直跑极方向偏离不宜大于该极距的 1/5,并应记录偏离的电极位置。

⑥ 改善硬化地面电极接地条件时,不得破损地面结构或地下设施。

⑦ 当地形坡度大于 15°时,应测量电极点坐标及高程。

(3) 数据采集。

① 现场应在极化稳定和建立恒稳电流场后,测试供电方波周期,确定滤波器截止频率;遇强电干扰时,应加大供电电流提高信噪比。

② 复杂条件下,应采用两种不同装置形式观测,但不得相互替代观测数据。

③ 每种装置观测的坏点数不应超过 1%,遇意外中断恢复观测时,重复观测点数不应少于 2 个。

④ 偶极装置及井间三维观测时,应观测电压、电流值后计算视电阻率值;远电极极距 $OB$ 应大于 $5OA$。

⑤ 现场观测时,应记录排列位置,并应注明特殊环境因素。

⑥ 现场观测数据应及时存储,并应记录现场条件。

(4) 质量检查。

① 可选择两层或两列进行重复观测。

② 可采用相邻排列重合部分电极、采用同一供电测量方式,通过散点观测检查异常点数据。

(5) 资料处理。

① 数据预处理时可进行数据平滑、滤波处理。

② 建立初始模型时,可采用伪剖面法、反投影法。

③ 反演成像时,应将正演获得的理论值与相应的实测值相减获得残差值,再利用反演计算获得电阻率的分布。

（6）资料分析。

① 剖面分析时，应根据单个成像剖面资料，分析确定出剖面中的电性结构。

② 对比分析时，应根据不同成像剖面资料对比，分析确定剖面中规模基本相同或相似的电性结构。

③ 应在分析确定电性结构的基础上，结合其他有关资料综合推断电性异常。

④ 对于数据突变点、畸变点，可结合相邻测点数值进行修正。

⑤ 地形校正时，除应对测点在断面中的位置进行归正外，还应对观测数据进行装置系数修正。

⑥ 绘制电阻率断面图时应设置色标，同一场地的色标应一致。

⑦ 对于具备地质资料的测段宜进行正演计算，获得其余测段的解释依据资料。

（7）资料解释。

① 成果图应主要包括电阻率断面图、平面剖面图、平面剖面地质解释图。

② 有钻孔资料的测段，应结合地层电性资料对反演计算进行约束。

③ 地质条件复杂时，可通过钻孔电阻率测试，校核高密度电阻率法测试结果。

④ 应结合其他相关资料，识别判定电阻率断面图的假异常。

⑤ 数据处理及成果解释，宜结合钻探或其他探测成果修正深度转换系数或解释深度[6]。

高密度电法是一项比较成熟的地探方法，其优点为探测深度较深、成像较为准确、市场应用广泛、技术较为成熟，对于溶洞等地下构造的勘探是比较好的选择。但由于误差等原因，建议配合钻探或其他探测成果做出结论。

### 4.4.3 示踪法

示踪技术作为可以直接获取地下水水文信息的技术与方法，在水文地质调查、岩溶水资源勘探、灾害防治中发挥着重要的作用。示踪技术通过可视性使得地下水的流向清晰可见，并通过分析颜色深浅来确定地下水的储存条件。

在水文地质工程领域中，示踪技术可以解决众多的工程中的水文地质问题，可以测定水文地质参数，地下水渗透流速，地下水来源、年龄等一些地下水以及多孔介质、裂隙介质的参数和水流运动状态，还可以解决一些有关的渗漏问题，如大坝渗漏、基坑渗漏等，所采用的示踪剂也种类繁多，有着广阔的应用前景和发展空间。示踪剂选择原则为无毒、天然、化学性能稳定、不改变地下水运移方向、易检测、灵敏度高且成本相对低,各种示踪剂的用量根据示踪剂种类的不同会有不同的选择标准。

目前示踪剂种类很多,常见的示踪剂有固形漂浮物、离子化合物、有机染料、同位素示踪剂等。目前常用的示踪方法主要有化学示踪法、有机染料及同位素示踪法[7]。

示踪试验分为如下几个步骤:

(1)在示踪试验前明确所选的地点的工程背景,翔实地分析其示踪试验的可行性。

(2)布置投放点和取样点。

(3)根据取样点所取样本进行分析确定合适的示踪剂。

(4)投放示踪剂,在取样点接收,不同示踪剂对应不同测量设备。

(5)得出试验结果并分析验证。

需要注意的是,在碳酸盐岩地区,水文地质条件复杂,在近距离范围内可能存在多个水力学系统,有时不能保证投放点和取样点在同一系统,限制了示踪法的使用效果。对示踪法的详细介绍见本书 8.5.1 小节。

### 4.4.4 颗粒成像测量

#### 4.4.4.1 颗粒成像测量的原理

颗粒图像速度仪(particle image velocimetry,PIV)技术是一种非接触、瞬时、动态、全流场的速度场测量技术。该技术有时序控制器、计算机及 PIV 应用软件、图像记录仪、光学照明系统四大部分,用光学方法对气流、液流场内部进行流动测量和结构研究,是传统的流动显示技术的发展成果。

颗粒成像测量技术的工作原理为:由激光器发出的激光经整形形成激光薄片照亮流场,在照亮片区的法线方向附近用相机记录流场中示踪颗粒的图像,再根据不同的曝光方式,采用对应的图像处理方法,得到流场速度矢量分布图。该技术具有无接触测量、精度高、测速范围宽、抗干扰强等优点[8]。

#### 4.4.4.2 颗粒成像法的发展与现状

颗粒图像速度仪是在 20 世纪 90 年代后期成熟起来的流场测试技术,是利用颗粒成像来测量流体速度的一种测速系统。它广泛应用于航天航海、汽车制造、医药制造、燃烧等工业领域。

随着图像传感器元件、计算机算力以及 GPU 图像处理等科技的不断进步,颗粒成像技术正朝着以下几个方向发展:

（1）多相流。通过技术分离每相水流的颗粒速度场，再通过计算机叠加得到最终的速度场，使得多相流流动方向更加具体、更加清晰。

（2）三维空间。目前计算机计算三维连续速度场测试比较困难，未来可通过技术发展解决某个容积内三维速度场的测量问题。

（3）微型化。实现更小尺度流动速度场的测量，需要更小的传感器以及更高的技术要求，由于微型化 PIV 与普通 PIV 测量参照物不同，因此布置方式也有很大区别，对微型机械系统与生物机理等方面有重要意义。

### 4.4.4.3　颗粒成像法在地下水流测量中的应用

将颗粒成像法应用于地下水测量时，探头置于井下，通过显微照相技术实时拍摄融于水中的胶体颗粒物，通过相应的计算机图像技术分析水中颗粒数量和大小以测量地下水的流速；并通过高分辨率磁通量阀门罗盘和高放大率胶质颗粒追踪摄像系统来测定水的流向。通过点线关系可以确定每个胶质粒子的流速及相应的流向。

P. M. Kearl 经试验研究得出[9]，可以通过安装在井筒中的胶体管道探测镜测量水中颗粒的速度来量化地下水的流动方向和速率。现场测试和观察表明，采用该方法测得的水流方向与实际方向较为吻合。但由于水流速较低的区域存在旋漩涡使得水流呈现多方向性，故无法根据所捕捉的颗粒运动图像进行线性的水流速计算。因此，当含水层为非均质时，采用该方法测出的水流速通常是基于最大流速计算的，导致水流速总体偏高。

P. M. Kearl 等[10]的研究进一步指出，胶体管道探测镜具有在水文监测井有限的情况下，探测不同深度地下水流速和方向的优势。在美国肯塔基州西部某地利用该方法开展了对地下水的现场测试，结果表明颗粒成像法观测和计算出的水流速、流向与传统方法测量得到的地下水中污染物羽状体表现的水流速、流向一致，证明了该方法的可靠性。

美国 Geotech 公司生产的地下水流速流向仪可实时、精确地测量地下水速度和方向[11]。该仪器主体探头由两个 CCD 摄像机、一个磁通阀门罗盘、一个光学放大透镜、一个光源和一个不锈钢外壳组成，可在水深 305 m 内保持密封。在地下水中自然形成的胶质颗粒可被定义为中性悬浮物，当胶质颗粒经过流速流向仪镜头时会被观察到，放大 130 倍的电子图像数据经高强度电缆传送到地表，再经 Aqua LITE 软件进行数字化处理并显现出来[12]。地下水流速流向仪装置图如图 4-13 所示[11]。

北京欧仕科技有限公司研发生产的智能化地下水监测仪，包括一体化集成

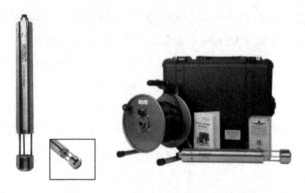

图 4-13　地下水流速流向仪装置图[11]

探头、线缆、地面控制器和外部供电设备（图 4-14），该监测仪可获得地下水流向、流速、水位、水温等数据，在野外使用也可实现远程无线传输[13]。集成探头采用单井显微影像监测技术，通过显微镜头拍摄水中胶体粒子的移动轨迹，实时测定地下水流速。集成探头内置电子罗盘，精准定位流向可实现探头的精准布放以及井下实时可视化。地下水流速流向测试案例如图 4-15 和图 4-16 所示。

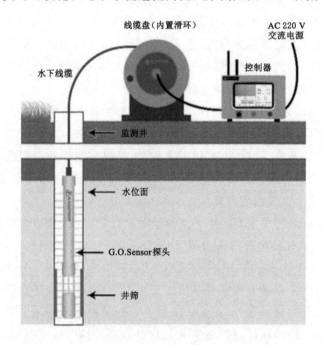

图 4-14　智能化地下水监测仪布放示意图[14]

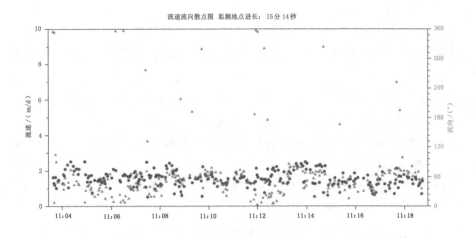

图 4-15　地下水流速流向监测结果散点图[14]

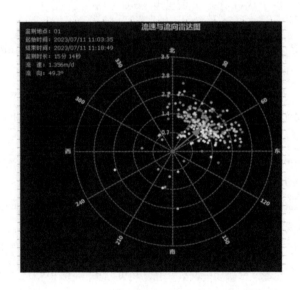

图 4-16　地下水流速流向监测结果雷达图[14]

# 参考文献

[1] KAVANAUGH S P.Field tests for ground thermal properties methods and impaction ground-source heat pump design [J]. ASHRAE transactions,

1998,104:347-355.

[2] 徐伟.地源热泵技术手册[M].北京:中国建筑工业出版社,2011.

[3] 区正源.土壤源热泵空调系统设计及施工指南[M].北京:机械工业出版社,2011.

[4] 中华人民共和国住房和城乡建设部.城市工程地球物理探测标准:CJJ/T 7—2017[S].北京:中国建筑工业出版社,2018.

[5] 邓超文,周孝宇.高密度电法的原理及工程应用[J].西部探矿工程,2006, 18(增刊1):278-279.

[6] 中华人民共和国水利部.水利水电工程物探规程:SL 291.1—2021[S].北京: 中国水利水电出版社,2005.

[7] 贾涛,陈奂良,刚什婷,等.示踪技术在水文地质工程地质中的应用综述[J]. 地下水,2020,42(6):127-130.

[8] 何慧灵.基于粒子成像的水下流速场探测方法的研究[D].武汉:华中科技大学,2012.

[9] KEARL P M.Observations of particle movement in a monitoring well using the colloidal borescope[J].Journal of hydrology,1997,200:323-344.

[10] KEARL P M,ROEMER K.Evaluation of groundwater flow directions in a heterogeneous aquifer using the colloidal borescope [J]. Advances in environmental research,1998,2(1):12-23.

[11] Geotech colloidal borescope[EB/OL].[2023-08-27].https://www.geotechenv. com/geotech_colloidal_borescope.html.

[12] 蒋文豪,周宏,李玉坤,等.基于钻孔内地下水流速和流向的岩溶裂隙介质渗透性研究[J].安全与环境工程,2018,25(6):1-7,18.

[13] 智能化地下水监测仪(地下水流向流速仪)[EB/OL].[2024-01-19]. http://www.osees.com.cn/index.php? m = content&c = index&a = show&catid=35&id=19.

# 第 5 章 地埋管换热器设计与施工

## 5.1 布孔方式与孔间距

从防止岩土体冷热失衡的目的出发,应选取地下水丰富、径流条件好的场地作为首要布孔区。另外,在项目实施过程中要及时观测地下水位的变化,做好孔深变更的准备。在地下水位埋深较低的情况下,应酌情增加换热孔单孔深度,尽量保证整个换热孔长度的 2/3 处于稳定地下水位中,从而尽量提高单孔换热量。

地埋孔孔间距可按照柱状体传热公式来计算。根据传热学理论,基于换热孔单位长度换热量、换热孔温度、地层原始温度计算出从换热孔延伸至岩土体内的温度影响半径,而换热孔孔间距又为温度影响半径的 2 倍。

《地源热泵工程技术指南》中推荐的孔间距为 4~5 m,岩溶地区岩体导热性较强,且地下水丰富,地埋管延长米换热量也较高,理论上孔间距可适当缩小。但考虑到岩溶地区岩体非均质性和各向异性较强的特征,从降低系统风险的角度,推荐采用孔间距不低于 4.5 m。

## 5.2 地埋管换热器设计

### 5.2.1 释热量和吸热量计算

建筑供冷供热负荷和实测岩土热物性参数是进行地埋管换热器设计的前置要求和条件。此外,还应对岩土换热器热泵系统开展可行性和经济性评估。地埋管换热系统设计应进行全年动态负荷计算,最小计算周期宜为一年[1]。

地源热泵系统实际最大释热量发生在与建筑最大冷负荷相对应的时刻。应注意,地源热泵系统对岩土体的释热量或吸热量并不等于冷负荷或热负荷。系统对蓄能岩土体的释热量包括各空调分区内水源热泵机组释放到循环水中的热量(空调负荷和机组压缩机耗功)、循环水在输送过程中得到的热量、水泵释放到

循环水中的热量。将上述三项热量相加就可得到供冷工况下释放到循环水的总热量,即:

$$对岩土体最大释热量 = \sum[空调分区冷负荷(1+1/EER)]+$$
$$\sum 输送过程的热量 + \sum 水泵释放热量$$

式中,EER 为空调制冷性能系数。

地源热泵系统实际最大吸热量发生在与建筑最大热负荷相对应的时刻。系统从蓄能岩土体吸收的热量包括各空调分区内热泵机组从循环水中的吸热量(空调热负荷,并扣除机组压缩机耗功)、循环水在输送过程中失去的热量并扣除水泵释放到循环水中的热量[2],即:

$$从岩土体最大吸热量 = \sum[空调分区热负荷(1-1/COP)]+$$
$$\sum 输送过程损失热量 - \sum 水泵释放热量$$

式中,COP 为热泵机组能效比。

对于最大吸热量和最大释热量之差较大的工程,应考虑其不同工况下的地埋管换热器长度;对于两者相差较小的情况则可采用辅助散热的方式解决,以缓解岩土体的热失衡问题。

由上述释热量和吸热量的解释可知,假设 $N$ 为地源热泵机组输入功率,$m$ 为循环水泵释热量,不同季节的最大释热量的计算方式也有所差异。

夏季最大释热量 $Q'$:

$$Q' = Q_0 + N + m \tag{5-1}$$

忽略循环水泵释热量时,可得:

$$Q' = Q_0 + N \tag{5-2}$$

式中,$Q_0$ 为夏季工况下建筑物的冷负荷,W。

冬季最大吸热量 $Q''$:

$$Q'' = Q_K - N - m \tag{5-3}$$



$$Q'' = Q_K \times \left(1 - \frac{1}{COP}\right) - m \tag{5-4}$$

式中,$Q_K$ 为冬季工况下建筑物的热负荷,W;COP 为热泵机组热效率(由生产商家提供)。

比较 $Q'$ 和 $Q''$,取其大者作为地埋管换热器的设计依据。

考虑到场地内地质水文条件的非均质性,部分换热孔的实际运行效果达不

到理想状态。因此,实际的换热孔取值应考虑安全系数 1.1～1.2,一般取 1.15,
即安全系数乘以 $Q'$ 或 $Q''$ 才得到实际最大释热量或最大吸热量。

### 5.2.2　地埋管长度 $L$ 的计算原理和公式

　　在确定了地埋管换热器换热量后,可以进行地埋管长度 $L$ 的计算。由于受
诸多因素如岩土性质(实际是岩土的导热性)、回填方式、埋管形式、管材类型以
及地下水渗流情况等的综合影响,地埋管总长设计计算方法尚无统一标准。当
前常见方法包括[3-4]:半经验公式法、基于叠加原理的方法、按就近地区工程经
验取值延长米换热量、用专用公式计算、数值模拟软件计算法、基于实测热响应
值计算等。地埋管换热器设计计算受岩土体热物性、地下水流动情况、地质条
件、回填材料性能、换热器周围发生相变的可能性以及沿管长岩土体物性的变化
等影响,在设计前需要对现场水文地质条件、岩土体热物性、回填材料性质等进
行测定计算,根据实际情况选择或完善地埋管传热模型和换热器长度的计算
方法。

#### 5.2.2.1　半经验公式法

　　工程上常采用半经验公式通过热泵额定出力、COP、EER、未受干扰地层平
均温度、最高和最低进出水温、热阻来计算钻孔长度。其中,热阻包括岩土传热
热阻,钻孔内热阻包括管壁热阻、传热介质与 U 形管内部热阻、回填材料热阻以
及短期连续脉冲负荷引起的热阻。半经验公式法可按以下步骤进行计算:

　　(1)确定地埋管的平面布置并计算岩土的传热热阻。

　　确定管群的布置形式及其间距以后,单个钻孔竖直地埋管换热器的岩土热
阻为:

$$R_s(X) = \frac{I(X_{rb})}{2\pi k_s} \tag{5-5}$$

式中,$X_{rb} = r_b / 2\sqrt{\alpha\tau}$,$r_b$ 为钻孔的半径,m;$\alpha$ 为岩土的平均热扩散率,m²/s;$k_s$
为岩土的热导率,W/(m·K);$\tau$ 是运行的时间,s;$I(X)$ 为指数积分,文献[2]给
出按以上定义的指数积分的近似计算公式为:

　　对于 $0 < X \leq 1$:

$$I(X) = 0.5[-\ln X^2 - 0.577\ 215\ 66 + 0.999\ 991\ 93X^2 - 0.024\ 991\ 055X^4 +$$
$$0.055\ 199\ 68X^6 - 0.009\ 750\ 04X^8 + 0.001\ 078\ 57X^{10}] \tag{5-6}$$

　　对于 $X \geq 1$:

$$I(X) = \frac{A}{2X^2 \exp(X^2)B} \tag{5-7}$$

$A=X^8+8.573\ 328\ 7X^6+18.059\ 017X^4+8.637\ 609X^2+0.267\ 773\ 7$

$B=X^8+9.573\ 322\ 3X^6+25.632\ 956\ 1X^4+21.099\ 653\ 1X^2+33.968\ 496\ 9$

对于多个($N$)钻孔的竖直地埋管换热器,该方法定义岩土的热阻为:

$$R_s=\frac{1}{2\pi k_s}\Big[I(X_{r_b})+\sum_{i=2}^{m}I(X_{SD_i})\Big] \tag{5-8}$$

式中,$I(X_{r_b})/(2\pi k_s)$ 是钻孔本身的地埋管引起的热阻;$I(X_{SD_i})/(2\pi k_s)$ 是所考虑的钻孔的距离为 $SD_i$ 的钻孔中的地埋管对该钻孔的热干扰引起的热阻。

（2）计算钻孔内热阻。

对于钻孔内热阻的计算,该方法采用一维简化模型,即把钻孔内的 2 根或者 4 根地埋管假想成为一根"当量管簇"。该当量管簇的外半径为:

$$r_e=\sqrt{n}\,r_0 \tag{5-9}$$

式中,$n$ 为钻孔中埋管的根数,对于单 U 管 $n=2$,对于双 U 管 $n=4$。

管壁的传热热阻为:

$$R_p=\frac{1}{2\pi k_p}\ln\Big[\frac{d_e}{d_e-(d_0-d_i)}\Big] \tag{5-10}$$

式中,$d_0$ 为管子的外径,m;$d_i$ 为当量管的内径,m;$d_e$ 为 U 形管的当量管的外径,m;$k_p$ 为管壁的热导率,W/(m·K)。

传热介质与 U 形管内壁的对流热阻为:

$$R_d=\frac{1}{\pi d_i k_f} \tag{5-11}$$

式中,$d_i$ 为 U 形管内径,m;$k_f$ 为传热介质与 U 形管内壁的对流换热系数,W/(m²·K)。

钻孔灌浆回填材料的热阻为:

$$R_b=\frac{1}{2\pi k_b}\ln\Big(\frac{d_b}{d_e}\Big) \tag{5-12}$$

式中,$k_b$ 为灌浆回填材料热导率,W/(m·K);$d_b$ 为钻孔的直径,m。

短期连续脉冲负荷引起的附加热阻为:

$$R_{sp}=\frac{1}{2\pi k_b}I\Big(\frac{r_b}{2\sqrt{\alpha\tau_p}}\Big) \tag{5-13}$$

式中,$\tau_p$ 为短期脉冲负荷连续运行时间,s。

（3）确定热泵的最高和最低进水温度,计算供热和供冷的运行份额。

该方法推荐供热工况时最低进水温度值比当地最低气温高 16～22 ℃,推荐的供冷工况的最高进水温度一般为 37 ℃,但在南方地区该温度可高至 40.5 ℃。

根据选定的最高与最低进水温度和选用的热泵,可以确定热泵在运行工况下的制冷量、制热量、制冷能效比、制热的性能系数。

供热运行份额 $F_H$ 和供冷运行份额 $F_C$ 由式(5-14)、式(5-15)确定:

$$F_H = \frac{\text{最冷月中的运行小时数}}{24 \times \text{该月的天数}} \qquad (5\text{-}14)$$

$$F_C = \frac{\text{最热月中的运行小时数}}{24 \times \text{该月的天数}} \qquad (5\text{-}15)$$

#### 5.2.2.2　基于叠加原理的方法

导热微分方程在常物性假定下是线性的,复杂边界条件和变负荷问题的温度相应可分解为若干简单问题的解的叠加。地埋管换热器传热分析的基础是单个钻孔在某一时刻开始的恒定热流作用下的温度响应,因此,对于多个钻孔的情况可在单个钻孔传热分析的基础上采用叠加原理进行分析处理。该方法大大减少了半经验模型中的简化假设,用函数表达式定量地反映出地埋管换热器各几何物理参数对传热的影响,同时可以足够精确地反映冷负荷和热负荷逐时、逐日、逐月的变化,并考虑了地埋管换热器整个寿命周期(数十年)中热量累积的长期效应。

地埋管换热器在非饱和岩土中的换热过程是在温度梯度和湿度梯度共同作用下,热量传递和水分迁移相互耦合的一个复杂的热力过程。对于地下水位线以下的地埋管区域,孔周围岩土已处于饱和状态,此时岩土中热湿迁移耦合作用的影响已很弱,而地下水横向渗流的强度成为影响岩土传热的主要因素。有地下水渗流存在的饱和岩土的传热途径主要有固体骨架中的热传导、孔隙中地下水的热传导以及裂隙、孔隙、管道中地下水流动产生的对流换热。因此,地埋管周围岩土内发生的是热渗耦合传热过程。

地埋管换热器的传热是一个复杂的、非稳态的传热过程,通常需要进行较长时间的运算,而且该过程所涉及的几何条件和物理条件也都很复杂,所以为了便于分析,需对地下水位以下地埋管的热流耦合问题做以下必要的简化:

(1)岩土为均匀、刚性、各向同性的多孔介质,忽略其质量力、辐射换热作用和黏性耗散。

(2)岩土处于饱和状态,即岩土孔隙、裂隙、溶孔等储水空间全部被水填满。

(3)岩土热物性不随温度的变化而变化,在远端边界处岩土温度保持原始地温不变。

(4)岩土中流体与固体瞬间达到局部热平衡,即 $T_f(x,y,t) = T_s(x,y,t) =$

$T(x,y,t)$,其中,下标 f 和 s 分别对应流体和固体。

(5) 地下水仅沿水平方向流动,忽略沿垂直方向的流动。

(6) 将垂直 U 形管等效为一根当量直径圆管。

(7) 管内流体在同一截面处的温度、速度分布均匀一致。

在非等温渗流中,一个物质系统或空间体积内含有固体和流体两部分,在研究实际非等温渗流时要把二者结合起来构成统一的能量方程,并且当对岩土、管壁、管内流体分别建立能量方程进行求解时,各个交界面上的边界条件都包括温度及热流密度两类。而这种热边界条件是由热量交换过程动态加以决定的而不能预先给定,针对这种耦合传热问题,为了避免反复迭代计算,可采用整场离散、整场求解方法。由此得到地埋管换热器非稳态通用控制方程[5]如下:

$$\sigma_i \frac{\partial T_i}{\partial t} + u_i \frac{\partial T_i}{\partial x} = \alpha_i \nabla^2 T_i + \frac{q_i}{(\rho c_p)_i} \tag{5-16}$$

初始条件:

$$T_{fl}(z,t) = T_p(x,y,t) = T_s(x,y,t) = T_0(t=0) \tag{5-17}$$

外边界条件:

$$T_s(x,y,t) = T_0 \tag{5-18}$$

流体的入口水温:

$$T_{fl}(z=0,t) = T_{in}(t) \tag{5-19}$$

式中,$u_i$ 为地下水流速度或管内流体速度,单位为 m/a 或 nm/s;$q_i$ 为内热源,W/m;$\sigma_i$ 为热容比;$\alpha_i$ 为总热扩散系数,$m^2/s$;$\rho_i$ 为岩土体密度,$kg/m^3$;$c_p$ 为岩土体负压体积比热容,$kJ/m^3$;$T_0$ 为岩土体、盘管及管内流体的初始温度,℃;$T_{in}$ 为盘管的入口水温,℃;角标 i 变为 s,fl,p 时分别对应岩土、管内流体和盘管。

式(5-16)~(5-19)共同构成地埋管换热器热渗耦合非稳态控制方程。方程(5-16)中,每一项都有明确的物理意义,等号右边第一项为扩散项,第二项为热源项;等号左边第一项为时间项,第二项为对流项。各项都乘以 $(\rho c_p)_i$ 后可以解释为各单位介质中内热源和传导进入的热能之和等于能量积累与能量流出之和。

### 5.2.2.3 按就近地区工程已取得的实际运行经验取值

该方法即参考实际工程的单位井深换热量 $q$ 取值,这在早年的摸索阶段很有价值,碳酸盐岩地区地埋管可直接引用下值,亦可供参考:单 U 形垂直埋管为 40~60 W/m;双 U 形竖直埋管为 70~100 W/m。

上述数据适用于做工程的方案设计估算与概算。一般 $q$ 与 $L$ 的值有以下规律[3]：

（1）岩土的热导率越大，$q$ 值越大。

（2）岩土的含湿量增加，热导率增加，所以地下水位较高的地区地埋管换热效果更好，岩土的密度增加，地埋管换热器换热量增加。

（3）因碳酸盐岩自身导热系数较高，推荐采用钻屑原砂回填。

求出 $q$ 值后，再按以下公式求得钻孔总长度 $L$：

$$L = \frac{Q_c}{q} \tag{5-20}$$

式中，$Q_c$ 为计算的热泵系统对岩土体换热量，W。

#### 5.2.2.4　对竖直地埋管用专用计算公式求取

对竖直地埋管根据岩土性质、管材、埋管方式及回填物质材料热物性等分别计算满足供热和供冷所需的地埋管换热器钻孔总长度[6]：

$$L_H = \frac{CAP_H[R_f + R_b + R_p + R_s F_C + R_{sp}(1 - F_H)]}{(T_\infty - T_{min})}\left(\frac{COP_H - 1}{COP_H}\right) \tag{5-21}$$

$$L_C = \frac{CAP_C[R_f + R_b + R_p + R_s F_C + R_{sp}(1 - F_C)]}{(T_{max} - T_\infty)}\left(\frac{EER + 1}{EER}\right) \tag{5-22}$$

式中，下标 H 为供热；下标 C 为供冷；$L$ 为钻孔的长度，m；CAP 为热泵在设计进水温度下的额定出力（制热或制冷量），W；COP 为热泵制热的性能系数；EER 为热泵机组的制冷性能系数；$F$ 是运行份额；$T_\infty$ 为存在干扰时的平均地层温度，℃；$T_{max}$ 和 $T_{min}$ 为最高和最低进水温度，℃。

为同时满足供热和供冷的需要，应采用 $L_H$ 和 $L_C$ 中的较大者作为设计钻孔总长度。

在设计后期，经有关设备（含循环水泵）选型，空调水系统循环水泵设计定型后，根据水泵样本得到水泵配电功率 $m$，即可按以下经典公式修正（增加）地埋管的埋管数，其计算公式如下：

$$l' = \frac{m}{q} \tag{5-23}$$

式中，$l'$ 为修正（增加）的地埋管长度，m；$m$ 为设计计算确定的空调水系统循环水泵配电功率，kW；$q$ 为地埋管延长米换热量，W/m，与系统设计取值相同。求得 $l'$ 后，再按以下经验公式计算增加的钻孔数 $n'$。

对于单 U 形地埋管：

$$n' = \frac{l'}{2(H-1)} \tag{5-24}$$

对于双 U 形地埋管：

$$n' = \frac{l'}{4(H-1)} \tag{5-25}$$

式中，$H$ 为孔深，m。

计算得到新增的钻孔数 $n'$，应在施工图设计时，安排在室外埋管环路阻力小的区域内。

### 5.2.2.5 数值模拟软件计算

从以上计算 $L_C$ 以及 $L_H$ 的公式可以看出，求取竖直地埋管的长度 $L$ 颇为复杂，不但需要知道很多相关的因素，其中不少数据还需现场实测求取，计算时数列方程及积分的演算颇费时间与人力，还往往容易出错，因而实际操作中把已知数据代入有关公式进行计算时都采用专用的计算软件在计算机上进行。结合竖直地埋管的其他相关计算，采用的计算软件应该具有如下功能：

(1) 能计算或输入建筑物全年动态负荷。

(2) 能计算当地岩土体平均温度及地表温度波幅。

(3) 能模拟岩土体与换热管间的热传递及岩土体长期储热效果。

(4) 能计算岩土体、传热介质及换热的热物性。

(5) 能对所设计系统的地埋管换热器的结构进行模拟布置（如钻孔直径、换热器类型、灌浆情况等）。

(6) 能计算出制冷工况或制热工况的竖直地埋管长度 $L_C$ 或者 $L_H$。

### 5.2.2.6 基于实测热响应值计算

目前还没有公认的计算地埋管长度的权威公式，同时数值模拟方法也存在简化假设带来的缺陷，因此可通过热响应试验获得单 U 管或者双 U 管的延长米换热量 $q$ 的值，再用上述相同的公式计算地埋管总长度。根据《地源热泵系统工程技术规范(2009 年版)》(GB 50366—2005)中地埋管换热系统设计的要求，当地埋管地源热泵系统的应用建筑面积在 5 000 m² 以上，或实施了岩土热响应试验的项目，应利用岩土热响应试验结果进行地埋管换热器设计，且宜符合下列要求：

(1) 夏季运行期间，地埋管换热器出口最高温度宜低于 33 ℃。

(2) 冬季运行期间，不添加防冻剂的地埋管换热器进口最低温度宜高于 4 ℃。

在碳酸盐岩地区，岩溶构造发育，蓄能岩土体的热物性非均质性强，热物性参数可能在近距离内显示出较大的变化波动,因此,推荐使用基于热响应实测值的方法来计算埋管长度。应在工程现场内选取多个具有代表性的地点开展热响应测试,然后基于这些热响应测试的值来计算单孔深度和换热量,以达到优化精确设计的目的。

## 5.3　施工原则与过程

### 5.3.1　施工原则

岩土源热泵系统施工应根据现场地质勘查资料及业主对工程的要求制定详细的施工组织方案,施工过程中应遵循的原则如下:

(1) 详细识别地下管线。

(2) 因地制宜地选择钻井方式。

(3) 确保地埋管换热器位于项目规划红线以内。

(4) 在现场按设计图标出地埋管的位置,并保证设计间距。

(5) 钻孔之前应做好机台调平、设备布置、器材堆存、塔架竖立、钻机安放等工作。

(6) 施工过程中应确保钻机钻杆垂直度,避免深部钻孔垂直交叉损坏已埋设的 U 形管,已完成下管的换热井应保压,在附近其他钻孔施工完毕方可进行回填,并拆除压力表。

(7) 钻机钻孔深度应超过设计深度 0.2~1.0 m。

(8) 严格控制管路焊接质量。

(9) 严格控制钻井回填质量。

(10) 详细做好隐蔽工程施工记录,保证施工工作的顺利开展。

### 5.3.2　施工过程

地埋管换热系统施工顺序一般为:场地平整—钻孔—U 形管制备—打压试验—试验合格后下 U 形管—打压试验—打压试验合格后灌注回填料—开挖水平沟槽—敷设水平管并与竖直管熔接—打压试验—试验合格后回填沟槽并压实。

空调系统的施工安装根据工程所在地地质构造,土层或岩层、混合层(一般同一工程地其岩土构造大致均同)决定采用什么样的钻探方法、钻头和钻机。

在地层条件为土层或沙层黏土层的岩土场地,多采用螺旋及回转法钻孔,通常钻进速度约为 10 m/h,随钻孔直径增加,钻压增加。

岩石、中硬地层及高硬地层,多采用回转法或潜孔锤钻法钻孔,钻速亦可达 10 m/h。用回转法需加入泥浆添加剂,用潜孔锤钻法需用大功率的空气压缩机。

同一地层有多种钻孔方法可供选择,螺旋钻孔可将孔底岩屑直排地面,其他钻凿方式都要用钻孔冲洗液、水或压缩空气排出钻凿过程产生的岩屑。该方法多用于山坡、山体或土质层较硬的工程。

室外地埋管的埋设步骤如下:

(1) 地埋管施工前的准备工作。对进入现场的管材、管件逐一进行清点和外观检查,内外表面应清洁、光滑无气泡,无明显划伤、凹陷、颜色不均等缺陷。所用地埋管应为品牌产品,应具备生产厂家的合格证。

(2) 搬运、存放管材、管件时要注意保护、小心存放,排列有序。用柔性的吊带或皮带进行装卸,严禁随意抛摔及沿地面拖拽。夏季施工时,因太阳的紫外光线会削弱管材强度,特别是施工周期长时,应做好遮阳及防雨措施。

(3) 在对竖直地埋管钻孔前,应计算好 U 形管的设计长度,并考虑水平连接的余量。选用定型的 U 形弯头成品件进行单 U 或双 U 的 90°弯管连接,不能采用两个 90°弯管对接连接,以免增加阻力、削弱连接强度,一般情况应根据现场整根量度所需长度截取。

(4) 为防止 U 形管两根地埋管距离贴近、影响换热,两根地埋管支管间沿垂直方向每隔 2~4 m 设一个弹簧卡(或固定支片)限制两管距离。

(5) 施工现场安置好钻孔附近的排水沟、泥浆池等设施以便安排钻孔过程产生的排水和泥浆(泥浆可作回灌用)。

(6) 正式钻孔前须复核井孔是否有调整,核实位置尺寸,钻孔位置离建筑物外墙不应少于 2 m。在保证设计地埋管总长度的前提下,根据现场施工出现的意外情况,可适当调整钻孔位置、深度及数量并在设计图上标注以便绘制竣工图时使用。

(7) 地埋管钻孔现场应适当平整地坪,以便架设钻机,并保证竖直埋管的不垂直度小于 2.5%。

(8) 竖直地埋管钻孔时,如遇流沙、多层地下水使得孔壁不牢或难以成孔应加设护孔壁套管或其他有效保护措施。

(9) 管放置完毕后即进行第二次水压试验,水压试验的压力应为 1.5 倍工作压力,并不少于 0.6 MPa,试验时间为 1 h,无泄漏现象,压力损失小于 3%(一般情况下压力表显示的压力不会变化)。

(10) 钻孔成孔且孔壁固化后应立即下管。通常在第一次水压试验后(空载)将垂直地埋管充满水,并在 U 形管底部(90°弯管)处配重,以保证地埋管顺利下沉。

(11) 下管时可以将灌浆管和组装后的 U 形管一起插入换热孔中,对中小工程可以多人工抬起地埋管慢慢放入钻孔中,最好能用机器设备送管。

(12) 下管必须达到设计要求的深度,地埋的 PE 管任何时候都不能暴露接口,不允许污染或杂物堵塞管道。

(13) 竖直地埋管放置完毕并水压试验合格后,应立即(12 h 内)用灌浆材料回灌封孔。理想的回灌是从孔底上返,回灌材料从孔底上涌,能更好地填充密实埋孔,保证地埋管换热的理想效果。回灌浆材料可以多种多样,不同的材料和配比,其岩土的导热性差别很大,从导热性(希望越大越好)、流动性、凝固性综合考虑。由于碳酸盐岩本身导热系数较高,碳酸盐岩地区的换热孔多采用原砂回填。其他大多数工程都采用黄砂、膨润土与水泥混合浆料回灌。膨润土与水泥约取 5%(纯水泥浆不仅增加成本,而且会造成孔中塑性下降,容易造成地埋管损坏)。

# 5.4　地埋管管材与传热介质

## 5.4.1　材料、规格和压力级别

地埋管应采用化学稳定性好、耐腐蚀、导热系数大、流动阻力小的塑料管材及管件,宜采用聚乙烯管(PE80 或 PE100)或聚丁烯管(PB)。管件与管材应为相同材料。由于聚氯乙烯(PVC)管处理热膨胀和岩土移位压力的能力弱,PVC 管通常用在暖通空调内部的管道系统设备中。

《地源热泵系统工程技术规范(2009 年版)》(GB 50336—2005)[2]给出了地热换热器地埋管管道外径尺寸标准和管道的压力级别。地埋管外径及壁厚可按国标中推荐值选用。相同管材的管径越大,其管壁越厚。

通常用外径与壁厚之比作为一个标准的尺寸比率(SDR)来说明管道的壁厚或压力的级别,即:

$$SDR = 外径 / 壁厚$$

因此,SDR 越小表示管道越结实。

地埋管质量应符合国家现行标准中的各项规定,聚乙烯管应符合《给水用聚乙烯(PE)管道系统 第 2 部分:管材》(GB/T 13663.2—2018)的要求,聚丁烯管应符合《冷热水用聚丁烯(PB)管道系统 第 2 部分:管材》(GB/T 19473.2—2020)的要求。管材的公称压力及使用温度应满足设计要求,管材的公称压力不应小于 1.0 MPa。在计算管道的压力时,必须考虑静水压头和管道的增压。静水头压力是建筑物内地埋管环路水系统的最高点和地下地热环路内的最低点之间的压力差。系统开始运行的瞬间,动压尚未形成,管道的增压应为水泵的全压。系统正常运行时,管道的增压应为水泵的静压减去流动压力损失。因此,在地源热泵系统设计中,确定管路和附件承压能力时,要考虑水系统停止运行、启动瞬间和正常运行三种情况下的承压能力,以最大者选择管材和附件。

乙烯(PE)管外径及公称壁厚详见《地源热泵系统设计与应用》中相关内容[7]。

## 5.4.2　传热介质

传热介质应以水为首选,选用其他介质时需符合下列要求:

(1) 安全,腐蚀性弱,与地埋管管材无化学反应。

(2) 较低的冰点。

(3) 良好的传热特性,较低的摩擦阻力。

(4) 易于购买、运输和储藏。

常见的其他传热介质有氯化钠溶液、氯化钙溶液、乙二醇溶液、丙醇溶液、丙二醇溶液、甲醇溶液、乙醇溶液、醋酸钾溶液及碳酸钾溶液。

在传热介质(水)有可能冻结的情况下应添加防冻液,并在充注阀处注明防冻液的类型、浓度及有效期。

选择防冻液时,应同时考虑防冻液对管道、管件的腐蚀性,防冻液的安全性、经济性及其对换热的影响。同时考虑防冻液的冰点、对周围环境的影响、费用和可用性、热传导性、压降特性以及与地源热泵系统中所用材料的相容性。

由于防冻液的密度、黏度、比热容和热导率等物性参数与纯水都有一定的差异,这将影响循环液在冷凝器(制冷工况)和蒸发器(制热工况)内的换热效果,从而影响整个热泵机组的性能。当选用氯化钠、氯化钙等盐类或者乙二醇作为防冻液时,循环液对流换热系数均随着防冻液浓度的增大而减小,并且随着防冻液浓度的增大,循环水泵功率以及防冻液的费用都要相应提高。因此,在满足防冻温度要求的前提下,应尽量采用较低浓度的防冻液。一般来说,防冻液浓度的选取应保证防冻液的凝固点温度比循环液的最低温度最好低8 ℃，最少也要低 3 ℃。

防冻液信息见表 5-1。

表 5-1　防冻液信息表[7]

| 防冻液 | 传热能力*/% | 泵的功率*/% | 腐蚀性 | 有无毒性 | 对环境的影响 |
|---|---|---|---|---|---|
| 氯化钙 | 120 | 140 | 不能用于不锈钢、铝、低碳钢、锌或锌焊接管等 | 粉尘刺激皮肤、眼睛，若不慎泄漏，地下水会由于污染而不能饮用 | 影响地下水质 |
| 乙醇 | 80 | 110 | 必须使用防腐剂将其腐蚀性降低到最低程度 | 蒸气会烧痛喉咙和眼睛。过多的摄取会引发疾病，长期的暴露会加剧对肝脏的损害 | 不详 |
| 乙烯基乙二醇 | 90 | 125 | 须采用防腐剂来保护低碳钢、铸铁、铝和焊接材料 | 刺激皮肤、眼睛。少量摄入毒性不大，过多或长期的暴露则可能危害 | 与 $CO_2$ 和 $H_2O$ 结合会引起分解，会产生不稳定的有机酸 |
| 甲醇 | 100 | 100 | 须采用杀虫剂来防止污染 | 若不慎吸入、皮肤接触或摄入，毒性很大。这种危害可以积累，长期暴露有害 | 可分解成 $CO_2$ 和 $H_2O$，会产生不稳定的有机酸 |
| 醋酸钾 | 85 | 115 | 须采用防腐剂来保护铝和碳钢。由于其表面张力较低，须防止泄漏 | 对眼睛或皮肤可能有刺激作用，相对无毒 | 同甲醇 |
| 碳酸钾 | 110 | 130 | 对低碳钢、铜须采用防蚀剂，对锌、锡或青铜则无须保护 | 具有腐蚀性，在处理时可能产生一定危害，应避免长期接触 | 形成碳酸盐沉淀物，对环境无污染 |
| 丙烯基乙二醇 | 70 | 135 | 须采用防蚀剂来保护铸铁、焊料和铝 | 一般认为无毒 | 同乙烯基乙二醇 |
| 氯化钠 | 110 | 120 | 对低碳钢、铜和铝无须采用防蚀剂 | 粉尘刺激皮肤或眼睛，若不慎泄漏，地下水可能会由于污染而不能饮用 | 由于溶解质较高，其扩散较快，流动快，对地下水有不利的影响 |

注：* 以甲醇为对照物（甲醇为 100）。

# 5.5　换热孔钻井

钻井前首先应根据施工图对场地进行平整,确定打井位置,钻机就位后要保证钻机钻杆的垂直,防止垂直偏差将已有管道损坏。打井过程中应随时检查打井位置。打井完成后应检查打井的深度和打井的质量,做好隐蔽工程记录,报监理验收。

钻井的钻进方法应根据岩石可钻性等级以及岩石的物理力学特性、地层特点和地质要求等选取。

岩石可钻性等级见表 5-2。

**表 5-2　岩石可钻性等级分级表**

| 级别 | 硬度 | 代表性岩石 | 坚固系数 | 可钻性 /(m/h) | 一次提钻长度 /(m/回次) |
|---|---|---|---|---|---|
| 1 | 软 | 页岩、片岩等 | 1～2 | 4.00 | 2.40 |
| 2 | 硬 | 石灰岩、砂岩 | 14～16 | 0.25 | 0.65 |
| 3 | 坚硬 | 石英岩 | 18～20 | 0.09 | 0.32 |

注:详查《地源热泵技术手册》[4]。

### 5.5.1　泥浆正循环回转钻进

泥浆正循环回转工艺有较广泛的适用性,其应用要点如下:

(1) 钻压。

随着钻井深度的增加有可能出现钻压不足的问题,从而直接影响钻井效率,在实际工程中表现为钻进深度越大钻进速度越小。当发现钻进速度明显变慢时,应根据钻头的型号以及钻铤、钻杆的质量调整钻压,一般容易在钻进中硬以上岩层时出现这种情况,此时增加钻压使岩石实现体积破碎即可。

如果为了提高钻速而增加钻压,要注意防止过大的钻压顶起钻机,实践中可采用在钻场增重的办法,比如采用脚手架压住钻场,钻杆、套管或其他重物堆放在钻机两侧等措施。

(2) 转速。

对极软和软地层应采用低压高速钻进,对硬和极硬地层采用高压低速钻进。转速的提高受到功率、钻具强度和振动等的限制,因此对钻头转速的控制除了应考虑岩土类型还应掌握"在不产生剧烈振动的前提下适当提高钻速"的原则。

### 5.5.2　潜孔锤钻进

潜孔锤钻进法可用于土质较硬的岩土层。潜孔锤钻进法需要使用特殊的钻井机械,即潜孔锤钻机。用潜孔锤(风动冲击器)配合钻机和相应的钻具进行冲击回转钻进。潜孔锤接在钻杆的最下端,钻机带动钻杆回转,压缩空气(简称压风)通过钻杆进入潜孔锤产生一定频率的冲击力,对岩石进行破碎,同时利用排出的废气对锤头(钻头)进行冷却,并将凿下的岩屑排出孔外。潜孔锤的外径小于钻孔直径,潜孔锤可随着钻孔的延深下入孔内(潜孔锤的名称来源于此)。与孔外冲击的风钻相比,潜孔锤的冲击功损失很小,可钻进较深的钻孔。

### 5.5.3　牙轮回转钻进

牙轮回转钻进与泥浆正循环回转钻进在设备的使用上大部分相同,钻进工艺也比较相似,但牙轮回转钻进需要使用特殊的牙轮钻头,且钻机功率要大很多。

牙轮钻头工作时切削齿交替接触井底,破岩扭矩小,切削齿与井底接触面积小,比压高,易于吃入地层;工作刃总长度大,因而相对减少磨损。牙轮钻头能够适应从软到坚硬的多种地层。

### 5.5.4　碳酸盐岩中钻孔注意事项

(1)当钻孔处于岩土体不牢固处、力学弱面、不稳定结构面、孔洞、洞穴等导致成孔困难时,应根据实际情况,采取相应措施。

(2)孔壁不稳定时设护壁套管过溶洞、裂隙等。

(3)孔壁不稳定但溶洞高度不大时也可用投黏土方法进行护壁。

(4)孔壁稳定时用降压钻进的方法在溶洞底部缓慢磨出小孔至 0.5 m 左右,再恢复正常钻进。

(5)用水钻代替潜孔钻过裂隙。

(6)过较小裂隙时,可用大钻头提高稳定性。

## 5.6　地埋管换热器安装与检验

### 5.6.1　管道连接

在换热器安装过程中应在开挖管沟和钻井平面图上清楚标明管沟开挖和钻孔位置,并避让室外设施。

水平热交换器的安装连接步骤如下：

（1）按平面图开挖管沟。

（2）按设计要求安装相应管道。

（3）按照工艺要求和管材的安装要求完成所有管道的连接。

（4）各个水平换热器的试压应当在回填之前进行。

（5）将各个换热器连接到循环集管上，并一起安装至机房内。

（6）循环集管的试压应当在回填之前进行。

（7）在所有地埋管地点上方做出标志或画出管线的定位标志带。

垂直热交换器的安装连接步骤如下。

（1）按钻孔平面图完成每个垂直热交换器的安装。

（2）每完成一个垂直热交换器，按要求进行试压。

（3）按照工艺要求和管材的安装要求，将所有垂直热交换器连接到循环集管上。

（4）循环集管的试压应当在回填之前进行。

（5）循环集管应做好保温措施。

### 5.6.2　焊接原理

地埋管换热器通常采用聚乙烯管（PE80 或 PE100）或聚丁烯管（PB）。按焊接方式的不同，连接可分为热熔连接和电熔连接，相应的焊接设备为热熔焊机和电熔焊机。在 190～240 ℃温度范围内将聚乙烯管熔化，然后将管材熔化的部分充分接触并保持压力，冷却后便可牢固地粘在一起。由于聚乙烯材料之间是本体熔接，接头处的强度与管材本身的强度相同。

### 5.6.3　管道的热熔连接

地下聚乙烯管道的连接接头必须用热熔或电熔连接方法（图 5-1 和图 5-2），而不得使用机械连接方法。管道连接方法可参见管道制造商的要求和推荐说明。

热熔连接首先把管道修剪、清洗整洁然后对齐，再加热到其熔点并将管道连接在一起，再冷却使其形成一体。在工业上，热熔技术有热熔对接和热熔承插连接两种。

#### 5.6.3.1　热熔对接

热熔对接是将待接聚乙烯管段界面，利用加热板加热熔融后相互对接融合，

图 5-1　双 U 形管的焊接

图 5-2　U 形头采用电熔焊接

经冷却固定而连接在一起。通常采用热熔对焊机来加热管端。各尺寸的聚乙烯管均可采取热熔对接方式连接。但公称直径($DN$)小于 63 mm 的管材推荐采用电熔连接。

（1）准备工作。

对接管段均应材质一致，应尽量采用同一厂家的配套材料；对接管段外径、壁厚应一致；待焊管材和管件的内外表面，尤其是端口附近应光滑平整，无异状；

管材的尺寸偏差等应满足要求;对接管段均应具有与焊机匹配的良好的加工与焊接性能;检查焊接系统及电源匹配情况,清理加热板,将焊机各部件的电源接通,并且应有接地保护;按焊机给出的焊接工艺参数设置加热板温度至焊接温度;若采用自动焊机,还应设置吸热时间与冷却时间等参数。

(2)热熔对接的操作要点。

使用热熔对接方法时,仅需热熔对接焊机设备,该方法的操作要点如下:

① 将待连接管材置于焊机夹具上夹紧,接着清洁管材待连接端,并铣削连接面,校直两个对接件,使其错位量不大于壁厚的 10%。

② 放入加热板加热。

③ 加热完毕后,取出加热板。

④ 迅速接合两个加热面,升压至熔接压力并保压冷却。

### 5.6.3.2 热熔承插连接

在热熔承插连接方式中,将两个需要连接的管道端部分别与一个较粗的承接管段两端部加热熔接,这样,每个接头需要经历两次热熔过程。

热熔承插连接时,管道端口应加工倒角,擦净连接面。在插口端画标线,用加热工具同时对管材、管件的连接面加热。当 $DN \geqslant 63$ mm 时,采用机械装置的加热工具,否则采用手动加热工具。加热完毕后,应立即退出加热工具,用均匀外力将插口伸入承口达标线的深度,在承口端部形成均匀凸缘。

### 5.6.3.3 热熔连接方法的选取及其质量控制

塑料管的连接方法也应根据《埋地塑料给水管道工程技术规程》(CJJ 101—2016)[8]等相关规范和管道生产厂商推荐的方法施工。大多数聚乙烯管既可以采用热熔对接也可以采用热熔承插连接。但是,一些高密度的聚乙烯管道不能采用承插连接。用于地埋换热器时,聚丁烯一般为承插连接。需要注意的是不同的塑料或级别不同的塑料不应熔接在一起[6]。

施工中主要采用目测和"后弯"试验方法来检测熔接质量。

目测是指用眼睛观测。翻边应是实心和圆滑的,根部较宽。若根部较窄且有卷曲现象的中部翻边,可能是压力过大或吸热时间过短造成的。

"后弯"试验方法是用手指按住翻边外侧,将翻边向外弯曲,在弯曲过程中观察是否有细微缝状缺陷,如有则说明加热板可能存在细微污染。有条件的话,可采用聚乙烯管热熔对接接头的超声波检查系统,按检查的特征和采用机械试验的关联分析结果,对焊接质量做出判断。

#### 5.6.4　管道的电熔连接

##### 5.6.4.1　电熔连接原理与特点

电熔连接就是将电熔管件套在管材、管件上,使预埋在电熔管件内表面的电阻丝通电发热,电阻丝产生的热能加热、熔化电熔管件的内表面和与之承插的管材外表面,并使之融为一体。图 5-3 所示为电熔连接常用管件。

图 5-3　电熔连接常用管件

##### 5.6.4.2　电熔连接过程

电熔连接的准备工作及注意事项如下:

(1)对接管段应材质一致,同时应尽量采用同一厂家的配套材料,对接管段外径、壁厚应一致,误差应在许可范围内;待焊管材和管件的内外表面应光滑平整,无异状;对接管段均应具有与焊机匹配的良好的加工与焊接性能。

(2)临焊接前必须刮除管材连接部位表面氧化层并将其擦拭干净;电熔管件不用时不拆包装,严格按焊机说明书和管件条码规定的时间进行焊接;在焊接过程中及焊接完成后的冷却阶段,不得移动连接件或在连接件上施加任何外力。

电熔连接的操作要点如下:

(1)清洁管材连接面上的污物,标出插入深度,刮除其表皮;管材固定在机架上,将电熔管件套在管材上;校直待连接件,保证其在同一轴线上;通电,熔接;冷却。

(2)连接时,通电加热时的电压和加热时间应符合电熔连接机具生产厂家及管件生产厂家的规定。在电熔连接冷却期间,不得移动连接件或在连接件上施加任何外力。

#### 5.6.5　钢塑管道的转换连接

聚乙烯管道在与钢管及阀门连接时采用钢塑过渡接头和钢塑法兰。对于小口径的聚乙烯管（$DN \leqslant 63$ mm），一般采用一体式钢塑过渡接头；对于大口径的聚乙烯管（$DN > 63$ mm），一般采用钢塑法兰连接。

##### 5.6.5.1　钢塑过渡接头

钢塑过渡接头的聚乙烯管端与聚乙烯管道连接按热熔连接和电熔连接方法处理。常用钢塑过渡管件见图 5-4。钢塑过渡接头钢管端与金属管道连接应符合相应的钢管焊接、法兰连接以及机械连接的规定。钢塑过渡接头钢管端与钢管焊接时，应采取降温措施。

图 5-4　钢塑过渡管件

##### 5.6.5.2　钢塑法兰连接

聚乙烯管端与相应的塑料法兰连接按热熔连接和电熔连接方法处理。钢管端与塑料法兰连接应符合相应的钢管焊接、法兰连接以及机械连接的规定。

聚乙烯管与金属管间的法兰连接常采用背压活套法兰。聚乙烯管端法兰盘（背压活套法兰）连接，应先将法兰盘套入待连接的聚乙烯法兰连接件的端部，再将法兰连接件平口端与管道按热熔连接或电熔连接的要求进行连接。

两个法兰盘上螺孔应对中，法兰面应相互平行，螺孔与螺栓直径应配套。活套法兰片应做防腐处理以提高其使用寿命。

#### 5.6.6　聚乙烯管道连接与施工时应注意事项

##### 5.6.6.1　管道连接

管道连接前应按设计要求对管材、管件及附属设备、阀门、仪表进行校对，并应在施工现场进行外观检查,符合要求方准使用。每次连接完成后,应进行外观质量检验,不符合要求的必须切开返工。每次收工时,管口应临时堵封。在寒冷气候(−5 ℃以下)和大风环境下进行连接操作时,应采取保护措施或调整施工工艺。

#### 5.6.6.2　管道施工

聚乙烯管道施工在遵守《埋地塑料给水管道工程技术规程》(CJJ 101—2016)的有关规定的同时,施工中还需要注意的要点如下:

(1)水平管道埋深。聚乙烯管道埋设在岩土中,应遵循聚乙烯管敷设的特殊要求。由于聚乙烯管较金属管的强度低,所以一定要注意埋深,这涉及管道承受的外荷载和防冻问题。同时竖直地埋管换热器的水平埋管应埋设在其他市政管道之下,一般为 1.5~2.0 m。水平地埋管换热器的聚乙烯管道的最小管顶覆土厚度应在冻土层以下且应符合规定。埋设在车行道下时,不应小于 0.8 m;埋设在非车行道下时,不应小于 0.6 m。

(2)管材敷设允许的弯曲半径。聚乙烯管弯曲后管道内侧将产生压应力,外侧将产生拉应力。当材料形变超过一定限度时,会因应变发生破坏。聚乙烯管材敷设允许的弯曲半径详见《地源热泵系统设计与应用》。

(3)蛇行敷设。由于聚乙烯管的线膨胀系数比金属管高十余倍,所以对温度的变化比较敏感。为避免产生拉应力,聚乙烯管应采取蛇行敷设。

(4)金属示踪线。聚乙烯管埋于地下后,宜沿管道走向埋设金属示踪线,以方便后期维护管理。

### 5.6.7　钻孔与挖掘机械

#### 5.6.7.1　竖直钻孔机械

钻机带动钻具和钻头向地层深部钻进,并通过钻机上的升降机来完成起升钻具或套管、更换钻头等工作。泵的主要功能是向孔内输送冲洗液以清洗孔底、冷却钻头和润滑钻具。

按钻进方法可把钻机分成四类:

(1)冲击式钻机:钢丝绳冲击式、钻杆冲击式钻机。

(2)回转式钻机:立轴式-手把给进式、螺旋差动给进式、液压(油压)给进式钻机以及转盘-钢绳加减压式、机械动力头式钻机等。

(3)振动钻机。

(4)复合式钻机:振动、冲击、回转、静压等功能以不同组合方式复合在一起的钻机。

### 5.6.7.2 链式(轮式)挖掘机

链式(轮式)挖沟机、推土机、反向铲和振动开沟机是埋设水平地埋管换热器或竖直地埋管换热器水平管部分的常用机械。一般情况下,挖沟机移动土量最少,较为经济。

### 5.6.7.3 推土机

如果挖出的土另有用途或集管系统很大,则采用推土机作业。在一些较大型水平地热换热器安装工程中,常使用有轨机械来同时进行开沟和回填土作业。回填作业由一个漏料斗和斜槽完成。

### 5.6.7.4 水平钻孔机械

使用水平钻孔机械在安装地热换热器时可以避免影响地表现状。水平钻孔机械的钻头与地表面成 30°夹角,钻头旋转时利用水压使其推进。钻孔深度和方向由一个附在钻头上的信号发送器和地表面的便携式控制系统来监控。

## 5.6.8 施工前的准备

### 5.6.8.1 现场勘察

现场地质状况是现场勘察的主要内容之一,地质状况将决定使用何种钻孔、挖掘设备或安装成本的高低。一般应基于测试孔的勘测情况或当地地质状况对施工现场的适应性做出评估,包括松散土层在自然状态和在负载后的密度,含水土层在负载后的状况,岩石层岩床的结构,以及其他特点等,如地下水质量和有无天然气及相关碳氢化合物等。同时应对影响施工的因素和施工周边的条件进行调研与勘察,现场勘察的主要内容如下:

(1)土地面积大小和形状。

(2)已有的和计划建的建筑或构筑物。

(3)是否有树木和高架设施,如高压电线等。

(4)自然或人造地表水源的等级和范围。

(5)交通道路及其周边附属建筑、地下服务设施。

(6)现场已敷设的地下管线布置和废弃系统状况。

(7)钻孔挖掘所需的电源、水源情况。

(8)其他可能安装系统的设备位置等。

### 5.6.8.2 场地规划

(1)提出施工与设计方案,规划过程中应当考虑以下几方面的因素。① 挖沟深度。应考虑气候、土质以及人工挖沟还是机械挖沟的影响。② 挖沟长度。应考虑可利用的地表面积、冷热负荷、沟中埋设管道的数量、土质以及岩土含水率的影响。③ 竖直钻孔的深度及数量。应考虑可利用的地表面积、障碍物、冷热负荷以及岩土和岩石类型的影响。④ 采用单 U 形地埋管还是双 U 形地埋管。应考虑钻孔难易程度、可用埋管地下空间大小以及 U 形管的价格等因素。⑤ 沟的结构。应考虑地上和地下障碍物、地表坡度、沟转向半径限制、回填和复原要求的影响。必须保证找出所有以前埋设的管线并做标识。

（2）确定地下设施。对施工区域内地下所埋的公用事业管道系统进行描述说明，并标示出地热换热器的位置，以备将来再次挖掘。该位置应当根据现场的两个永久目标进行定位。

（3）征求业主意见，确定应避开的区域、可以进出重型设备的位置以及承包商不易标识或可能不了解的地下管线系统的位置。

### 5.6.8.3　水文地质调查

对于准备安装地源热泵现场的水文地质调查，主要应注意以下几方面的问题：

（1）应了解在施工现场进行钻孔、挖掘时应遵守的规章条例、允许的水流量和用电量以及附属建筑物等其他约束因素。

（2）查阅曾经发表的地质报告、水文报告和可以利用的地图。

（3）检查所有的勘测井测试记录和其他已有的施工现场周围地质水文记录，对总的地下条件进行评估，包括地下状况、地下水位、可能遇到的含水层和相邻井之间潜在的干扰等。

（4）地下状况的调查方法应与采用的系统形式相匹配。对于竖直 U 形地埋管换热器系统，需要钻测试孔。或者通过勘测井认知水文地质条件以后再确定采用哪种换热器系统。

### 5.6.8.4　测试孔与监测孔

（1）测试孔。测试孔能够提供设计和安装竖直式地埋管换热器系统所需要的岩土层热物性及其构造的基础数据；无须用泵抽水，一般采用与待埋设 U 形管钻孔相同的直径；并可用作后期施工中的 U 形地埋管钻孔或者监测孔使用。到达地下水的深度的测试孔，可以反映最初的地下水质量，而且能够长期测量地层温度、地下水位及水的质量。对于不再使用的测试孔，应及时从底部到顶部进行灌浆封孔，以免污染地下水质。

对于建筑面积小于 3 000 $m^2$ 的竖直地埋管换热器系统，可使用一个测试孔。对于大型建筑,则应采用两个或两个以上的测试孔。测试孔的深度应比 U 形地埋管深 5 m。

必要时可在首批地埋管安装完毕后,对其中一个或几个 U 形地埋管进行实际测试,然后根据钻孔现状和测试结果对地埋管方案及初步设计进行必要的修正。

(2) 监测孔。监测孔通常用来长期监测岩土层温度、地下水深度以及地下水水质等。所采集的数据用于评价地埋管换热器的设计与安装效果,有时也可选择部分有代表性的 U 形地埋管安装传感测头,兼作监测孔。

### 5.6.9 钻孔、下管及连接

#### 5.6.9.1 放线、钻孔

首先在施工现场逐一落实设计图的钻孔排列、位置。多数情况下,单 U 形地埋管钻孔孔径约为 110～130 mm,双 U 形地埋管钻孔孔径约为 130～150 mm,钻孔实际的大小以能够较容易地插入所设计的 U 形管及灌浆管为准。

一般 U 形地埋管外径为 25～40 mm。目前工程上大多采用外径为 32 mm 的 U 形管。灌浆用管采用相同材料和规格。

钻孔中常用两种技术:空气旋转钻孔(湿钻孔)和螺旋钻或空心杆螺旋钻钻孔(干钻孔)。使用空气旋转钻孔时,将取出的泥浆放入泥浆池中以便再回填封孔,或者将其运离作业现场。采用空心杆螺旋钻钻孔时,钻机驱动带有切削齿的钻尖旋转,钻孔作业完全是干式的,施工现场较为干净。如果钻孔区域有大量坚硬的岩石,则采用振动锤钻孔效果较好。

在保证总钻孔深度一定的前提下,可根据现场的地质条件决定钻孔的个数和经济合理的钻孔深度。如果在钻孔过程中局部遇到坚硬的岩石层,更换位置重新钻孔可能会更经济。

一般情况下,钻孔无须下护壁套管。但如果孔壁周围岩土不牢固或者有洞穴,造成下管困难或回填材料大量流失时,则需下套管或对孔壁进行固化。

#### 5.6.9.2 原砂回填的钻屑收集

(1) 原砂完整收集的重要性。

在钻井的过程中,钻出来的原砂应完整收集,一方面是为了最后用于回填换热孔,保证换热孔的压实度达到要求,减少回填材料之间的热阻,提升其导热系数;另一方面是由于钻出的岩屑和地下岩土体热物性是一样的,具有与周围岩土层相同的导热系数,可提升导热效果。

（2）收集器的原理。

钻孔时,先将原砂收集器安装于钻杆处,利用收集器将钻出来的原砂储存起来,钻孔过程中排出来的淤泥则通过收集器排淤孔排出,待钻孔完成后,将原砂收集器移动到指定位置。双 U 管安装完后利用外置驱动电机式输送带回填,将收集器内原砂回填到地埋孔内。采用原砂回填的好处在于其具有原始岩层的性质,回填到地埋孔后,能保持原性质而与周围岩土层起到更好的导热效果,减少了与岩土层之间的热阻。

钻机将钻出来的原砂通过安装在一个长方形箱体内的振动筛网与淤泥分离开。淤泥通过振动筛网下方排淤孔排到地表。储存在长方形箱体内的原砂通过外置驱动电机式输送带输送至地埋孔内。

（3）收集器使用注意要点。

① 注意振动筛网的维护和更换,停止钻孔时应及时断电。

② 防溅罩在使用时安装到钻机上,停机时应及时取下。

③ 外置驱动电机式输送带在钻孔和回填地埋孔时处于启动状态。

④ 钻机工作前应检查各处弹簧是否正常。

⑤ 回填完后应及时清理各排淤孔和箱体。

（4）收集器使用步骤。

① 收集原砂时,先将长方形箱体置于沟道的上方固定。

② 将防溅罩置于钻机上固定,将套管穿过振动筛网安装于钻孔内。

③ 开始钻孔的同时启动振动筛网电源,钻出的原砂进入箱体内,而淤泥则通过筛网进入排淤孔,钻出的原砂一部分通过外置驱动电机式输送带运至箱体内储存起来。

④ 钻孔完成时,将原砂合理铺满箱体,取出钻杆和套管。

⑤ 回填地埋孔时,启动外置驱动电机式输送带至地埋孔口,与储存时工作状态相反。

⑥ 完成地埋孔回填后,撤走长方形箱体收集器。

### 5.6.9.3　U 形管现场组装、试压与清洗

由于种种原因,实际钻孔深度常常与 U 形地埋管的设计和订货深度有差别,因此 U 形管宜在现场组装、切割,以满足有可能出现的设计变更。竖直地埋管换热器的 U 形弯管接头宜选用定型的 U 形弯头成品件,如图 5-5 所示,不宜采用直管道煨制弯头。下管前应对 U 形管进行试压、冲洗。然后将 U 形管两个端口密封,以防杂物进入。冬季施工时,应将试压后的 U 形管内的水及时放掉,

以免冻裂管道。

图 5-5　成品 U 形弯头[4]

#### 5.6.9.4　下管与二次试压

当钻孔完成后,将双 U 管装入地埋孔,用弹簧卡或固定支片将 2 根换热管进行分离定位,定位管卡的间距为 3 m。安装完成后,将收集好的回填材料回填入地埋孔内,进行第二次试压,试压的目的一是防止下管过程中 U 形管损坏,二是当系统运行时,不会产生漏液和 U 形管内压力不足的现象。

如果钻孔较深,可采用机械下管。常用的机械下管方法是将 U 形管捆绑在钻头上,然后利用钻机的钻杆将 U 形管送入钻孔深处。此时应尤其注意对 U 形管端部的保护。该方法常常会导致 U 形管贴靠在钻孔内一侧,偏离钻孔中心,同时灌浆管也较难插入钻孔内,可采用增大钻孔孔径的办法解决该问题。

U 形管的长度应比钻孔深度略大,以使其能够露出地面。下管完成后,进行第二次水压试验,确认 U 形管无渗漏后方可封井。

#### 5.6.9.5　回填封孔

回填封孔是将回填材料自下而上灌入钻孔中,如图 5-6 所示,采用的主要方法是利用泥浆泵通过灌浆管将回填材料灌入孔中。回灌时,根据灌浆的快慢将灌浆管逐渐抽出,使回填材料自下而上注入封孔。回灌过程中应确保材料回灌密实,无空腔,防止空气进入钻孔而增大热阻。根据钻孔现场的地质情况和选用的回填材料特性,在确保能够回填密实、无空腔的条件下,有时也可采用人工方法回填封孔。但除了机械回填封孔的方法外,其他方法应慎用。

封孔结束一段时间后,可利用岩土热物性测试仪进行现场 U 形地埋管传热性能测定,并根据测定结果对原有设计进行必要的修正。

碳酸盐岩地区换热孔回填施工尤其应注意防止出现"回填真空区"和"瘤状体"。

图 5-6　回填封孔

当地下岩土体裂隙、溶洞发育时，前期回填的砂石在后期有顺着裂隙和溶洞"溜走"的可能，容易形成"回填真空区"。

地埋孔钻进过程中吹出的钻屑，从形态和物性上大体可分为砂石和泥粉两部分。砂石成分越多，越有利于回填，注水回填时砂石很容易顺水体分散并下沉，回填效果较好。泥粉成分越多，胶结度和黏度越大，容易在孔内形成"瘤状体"，阻碍回填路径，回填效果较差。

### 5.6.9.6　环路集管连接

U 形地埋管与水平管的连接被称为环路集管连接。图 5-7 为集管连接施工现场。

图 5-7　环路集管连接施工现场

为防止将来其他管线敷设对集管连接管的影响或破坏,水平管埋设深度应控制在 1.5～2.0 m。管道沟挖好后,沟底应夯实,填一层细砂或细土,并留有 0.003～0.005 的坡度。在管道弯头附近要人工回填以避免管道出现波浪弯。集管连接管在地上连接成若干个管段,再置于地沟与 U 形管相接,构成完整的闭式环路。在分、集水器的最高端或最低端宜设置排气装置或除污排水装置,并设检查井。管道沟回填时,应分层夯实。

水平集管连接的方式主要有两种:一种是沿钻孔的一侧或两排钻孔的中间铺设供水和回水集管;另一种是将供水和回水集管引至埋设地下 U 形管区域的中央位置。

### 5.6.10　地埋管换热系统的检验与水压试验

#### 5.6.10.1　地埋管换热系统的检验

地埋管换热系统的检验内容和要点如下:

(1)地埋管管材、管件等材料应符合相关国家现行标准的规定。

(2)全部竖直 U 形地埋管的位置、深度以及热交换器的长度应符合设计要求。

(3)灌浆材料及其配比应符合设计要求。灌浆材料回填到钻孔内的检验应与地埋管换热器安装同步进行。

(4)监督循环管路、循环集管和管线的试压是否按 5.6.10.2 小节和 5.6.10.3 小节所述要求进行,以保证没有泄漏。

(5)如果有必要,需监督不同管线的水力平衡情况。

(6)检验防冻液和化学防腐剂的特性、浓度是否符合设计要求。

(7)循环水流量及进出水温差均应符合设计要求。

#### 5.6.10.2　地埋管水压试验

(1)水压试验的目的。聚乙烯管道水压试验的目的是间接证明施工完成后的管道系统密闭的程度。在水压试验过程中应注意聚乙烯管材的徐变特性和对温度的敏感性,即试验压力会随着时间的延续而降低。测试人员应注意这 2 种原因导致的压降,以免造成地埋管漏水的误判。

(2)试验压力的确定。当工作压力小于等于 1.0 MPa 时,试验压力应为工作压力的 1.5 倍,且不应小于 0.6 MPa;当工作压力大于 1.0 MPa 时,试验压力应为工作压力加 0.5 MPa。

#### 5.6.10.3　水压试验步骤

(1)竖直地埋管换热器插入钻孔前,应进行第一次水压试验。在试验压力下,稳压至少 15 min,稳压后压力降不应大于 3%,且无泄漏现象;将其密封后,在有压状态下插入钻孔,完成灌浆之后保压 1 h。水平地埋管换热器放入沟槽前,应进行第一次水压试验。在试验压力下,稳压至少 15 min,稳压后压力降不应大于 3%,且无泄漏现象。

(2)竖直或水平地埋管换热器与环路集管装配完成后,回填前应进行第二次水压试验。在试验压力下,稳压至少 30 min,稳压后压力降不应大于 3%,且无泄漏现象。

(3)环路集管与机房分集水器连接完成后,回填前应进行第三次水压试验。在试验压力下,稳压至少 2 h,且无泄漏现象。

(4)地埋管换热系统全部安装完毕,且冲洗、排气及回填完成后,应进行第四次水压试验。在试验压力下,稳压至少 12 h,稳压后压力降不应大于 3%。

5.6.10.4　水压试验方法

水压试验宜采用手动泵缓慢升压,升压过程中应随时注意观察与检查,不得有渗漏;不得以气压试验代替水压试验。

聚乙烯管道试压前应充水浸泡,时间不应小于 12 h,彻底排净管道内空气,并进行水密性检查,检查管道接口及配件处,如有泄漏应采取相应措施进行排除。

# 5.7　水平管路处理

## 5.7.1　水平管路常规保温处理

冬季热泵系统向建筑供暖时,地埋管系统从大地吸取热量,此时地埋管系统中的水平管路内最低水温约为 5 ℃,若仅要求水平管路铺设于冻土层以下,水平管路外岩土平均温度远低于 5 ℃,水平管路与岩土的换热将加大地埋管系统从大地吸取热量过程中的热损失,因此冬季工况下水平管路与岩土的热交换对地埋管系统产生负效应。岩土源热泵系统的技术优势在于能够实现高效的冬季供暖,岩土源热泵供冷的系统效率与常规冷水机组系统相比并没有明显的优势,为充分利用地埋管换热器系统冬季从岩土吸收的热量,减小地埋管水平管路对地埋管系统吸热产生的负效应,减少冬季水平管路的热损失,必须对水平管路进行保温处理。

在现有地埋管系统方案的基础上,在水平管路外设保温层,保温层可以采用现场发泡生成,也可以使用管路保温层的成品现场使用防水胶带固定。在 U 形管接入分集水器小室的过程中,单一水平管路管径较小,且管路数量众多,若对每个水平管路分别做保温处理势必增加施工难度,可以将多个小管径水平管路集合为水平管束,对该水平管束进行保温处理即可,水平管路的埋深可以适当减小。未安装保温层的水平管路见图 5-8,进行保温处理的水平管路见图 5-9。

图 5-8　未安装保温层的水平管路实拍图

图 5-9　水平集管及外保温

### 5.7.2　水平集管冷、热量损失

水平集管的埋深很浅(一般为 1.5 m),大多处于变温层内,容易受到各种因素的影响,造成集管内冷量和热量的损失。随着地源热泵应用和规模的不断扩大,水平集管的管长、管径和流量也在不断增加。可见,这部分能量损失是不容忽视的。相关研究指出[9],集管埋深、太阳辐射、回填材料、管内流量、地表风速、管材壁厚都会对水平集管的换热造成影响。

太阳辐射受地球公转和自转影响,在不同季节或同一季节的不同时间,地表同一区域受到的太阳辐射不同,且下垫面材料的不同也会使地表吸收的辐射热量有所不同。水平集管可能埋设在水泥、草地、沥青等地表下,在同一地区同一时间,不同类型的地表地面温度不同,会影响水平集管与周围岩土或地表之间的换热。

目前水平集管的回填材料多采用开挖的岩土体,不同区域的地下岩土有所区别,不同的岩土材料具有不同的热力学参数,包括导热系数、比热容、热扩散率等,都会对水平集管的换热产生影响。

水平集管管内流量的不同会影响管内流体与管内壁间的对流换热,从而对输送过程中集管与周围岩土的热交换造成影响,并且过小的流量会影响竖直地埋管换热器的换热量,过大的流量则会增加循环阻力。

地表风速会对地面的对流换热造成影响,从而影响地面温度和浅层岩土的温度分布,对水平集管的换热造成一定影响。相关研究表明[10],越接近地表,风速对岩土温度分布的影响越大,最大影响程度为 16.8%,随着岩土层深度的增加对岩土温度分布的影响减小,在 3.2 m 处的最大影响程度为 4.3%,这对于水平集管来说是不可以完全忽略的。

不同集管材料具有不同的热力学性质,会影响管壁的导热。同一管材,不同壁厚,也会导致传热热阻不同,从而影响水平集管换热。水平集管埋于地下,埋设时也应考虑管材的抗压、防腐蚀等性质。

在现有条件的情况下,可基于相似理论搭建砂箱试验平台,设计并相似试验,判断对水平集管冷、热量损失有较为显著影响的场地条件。下面以某水平集管影响因素相似试验为例,说明如何通过试验判别主要影响因素并提出水平集管优选布局方案。表 5-3 为该相似试验参数设计。

**表 5-3　某水平集管冷、热量损失影响因素相似试验参数设计[9]**

| 参数类型 | 水平集管长度/m | 水平集管供回水管间距/cm | 水平集管埋深/cm | 运行时间/h | 雷诺数 | U 形进口水温/℃ |
|---|---|---|---|---|---|---|
| 原型 | 80 | 200 | 80/160/240 | 800 | 6362/8449/10536 | 24 |
| 试验台 | 2 | 5 | 2002/4/6 | 0.5 | 6362/8449/10536 | 24 |
| 相似倍数 | 40:01:00 | 40:01:00 | 40:01:00 | 40:01:00 | 1:01 | 1:01 |

该相似试验在水平集管埋深、管内流量、回填材料、表面温度这 4 个常见影响因素进行试验,为了减少试验组数、节约试验时间、保证试验结果,每个因素选取 3 个不同水平,共开展 9 种不同工况下的正交试验,如表 5-4 所示。其中,埋深分别为 2 cm、4 cm、6 cm;流量分别为 3 L/min、4 L/min、5 L/min;材料分别为白云岩、石灰岩、砂岩;表面温度分别设置为 30℃、35℃、40℃。同时,初始工况设计为:埋深为 2 cm,回填材料为白云岩,流量为 3 L/min,表面温度不做处

理,为当日气温,目的是将初始工况与表 5-4 中 1 号试验的数据结果进行对比,得出规律后推广到其他试验中。

表 5-4 某水平集管冷、热量损失影响因素相似试验正交设计[9]

| 试验号 | 影响因素 | | | |
|---|---|---|---|---|
| | 水平集管埋深 /cm | 管内流量 /(L/min) | 回填材料 | 表面温度 /℃ |
| 1 | 2 | 3 | 白云岩 | 30 |
| 2 | 4 | 5 | 白云岩 | 35 |
| 3 | 6 | 4 | 白云岩 | 40 |
| 4 | 2 | 5 | 石灰岩 | 40 |
| 5 | 4 | 4 | 石灰岩 | 30 |
| 6 | 6 | 3 | 石灰岩 | 35 |
| 7 | 2 | 4 | 砂岩 | 35 |
| 8 | 4 | 3 | 砂岩 | 40 |
| 9 | 6 | 5 | 砂岩 | 30 |

表 5-5 列出了该试验结果,表 5-6 为对正交试验所得到的水平集管回水段的温升进行极差分析结果。其中 $K_1$、$K_2$、$K_3$ 分别为各因素第一水平、第二水平、第三水平所对应的回水段温升数值的和。

由表 5-5 和表 5-6 可以看出,水平集管埋深、管内流量、回填材料、表面温度这 4 个因素对水平集管回水段换热的影响排序为:埋深>表面温度>回填材料>管内流量。同时,得到差方案(最不利工况)为 4 号试验:2 cm、5 L/min、石灰岩、40 ℃,优方案(最有利工况)为:6 cm、3 L/min、白云岩、30 ℃,但此方案在表 5-5 的 9 组试验中并未出现,与此方案最接近的是 9 号试验。由表 5-5 可知,9 号试验的温升最低,与前述推测保持一致,又因为优方案的参数设定中,覆盖岩石厚度最大,管内流量最小,覆盖岩石导热系数最小,覆盖岩石表面温度最低,最大限度地隔绝了外界因素对水平集管回水段的影响,可以确定此方案就是最优方案。

表 5-5 水平集管冷、热量损失影响因素正交试验极差分析[9]

| 测量标号 | 覆盖埋深/cm | 管道流量 /(L/min) | 覆盖材料 | 表面温度/℃ | 回水温度升高 值/℃ |
|---|---|---|---|---|---|
| 1 | 2 | 3 | 白云石 | 30 | 0.21 |
| 2 | 4 | 5 | 白云石 | 35 | 0.15 |

表 5-5(续)

| 测量标号 | 覆盖埋深/cm | 管道流量/(L/min) | 覆盖材料 | 表面温度/℃ | 回水温度升高值/℃ |
|---|---|---|---|---|---|
| 3 | 6 | 4 | 白云石 | 40 | 0.11 |
| 4 | 2 | 5 | 石灰石 | 40 | 0.37 |
| 5 | 4 | 4 | 石灰石 | 30 | 0.17 |
| 6 | 6 | 3 | 石灰石 | 35 | 0.08 |
| 7 | 2 | 4 | 砂岩 | 35 | 0.26 |
| 8 | 4 | 3 | 砂岩 | 40 | 0.23 |
| 9 | 6 | 5 | 砂岩 | 30 | 0.07 |

表 5-6　水平集管冷、热量损失影响因素正交试验极差分析[9]

| 测量标号 | 覆盖埋深 | 管道流量 | 覆盖材料 | 表面温度 |
|---|---|---|---|---|
| $K_1$ | 0.84 | 0.52 | 0.47 | 0.45 |
| $K_2$ | 0.55 | 0.54 | 0.62 | 0.49 |
| $K_3$ | 0.26 | 0.59 | 0.56 | 0.71 |
| $\kappa_1\left(=\dfrac{K_1}{3}\right)$ | 0.280 | 0.173 | 0.157 | 0.150 |
| $\kappa_2\left(=\dfrac{K_2}{3}\right)$ | 0.183 | 0.180 | 0.207 | 0.163 |
| $\kappa_3\left(=\dfrac{K_3}{3}\right)$ | 0.087 | 0.197 | 0.187 | 0.237 |
| 范围 | 0.193 | 0.023 | 0.050 | 0.087 |

### 5.7.3　实际工程建议

由于控制水平集管回水段温度恒定的方法与提高供水段温升的方法是相反的,因此应综合考虑并选择合适的温度控制方法。在实际工程中,地表温度是不可控的,水平集水管供水段和回水段的流量是相同的,能够实现供水段和回水段独立控制的因素只有埋深和覆盖材料。

在碳酸盐岩地区实际工程中几乎都是采用原土石回填,供水段与回填段没有区别。因此,在机组工作范围内,可适当减小水平集管供水段埋深,以提高供水段末端水温,增强 U 形管的换热能力,同时增加回水段埋深,保持管内温度恒定。当供水段与回水段埋深相同时,结合经济分析,回水段可采用导热系数小的管道或包覆保温材料,以达到相同的效果。

在碳酸盐岩地区,地表土壤很薄,水平顶板几乎被开挖的碎石覆盖。由于岩石导热系数较大,地表气候因素对采空区影响较大。因此,更有必要考虑增加水平集管回段埋深或采取保温措施以减小影响。

# 参考文献

[1] 马最良,姚杨.民用建筑空调设计[M].3 版.北京:化学工业出版社,2015.

[2] 中华人民共和国建设部.地源热泵系统工程技术规范:GB 50366—2005[S].北京:中国建筑工业出版社,2009.

[3] 杨卫波,陈振乾,施明恒.跨季节蓄能型地源热泵地下蓄能与释能特性[J].东南大学学报(自然科学版),2010,40(5):973-978.

[4] 徐伟.地源热泵技术手册[M].北京:中国建筑工业出版社,2011.

[5] 区正源.土壤源热泵空调系统设计及施工指南[M].北京:机械工业出版社,2011.

[6] 潘松法,曾苗,唐彪锋.地源热泵地埋管单位埋管深度换热量指标的推导[J].制冷空调与电力机械,2010(2):1-5.

[7] 马最良,吕悦.地源热泵系统设计与应用[M].2 版.北京:机械工业出版社,2014.

[8] 中华人民共和国住房和城乡建设部.埋地塑料给水管道工程技术规程:CJJ 101—2016[S].北京:中国建筑工业出版社,2016.

[9] 田旭松.土壤源热泵系统水平集管换热特性研究[D].贵阳:贵州大学,2023.

[10] 曾召田,赵艳林,吕海波,等.气象波动对水平埋管换热器传热影响的数值模拟[J].太阳能学报,2018,39(5):1179-1186.

# 第6章　室内部分设计与施工

## 6.1　工程概括

工程概括的编制需要包含以下内容：

(1) 简述工程建设地点、规模、使用功能、层数、建筑高度、建筑面积等。

(2) 说明空调工程范围。

常用的空调工程设计依据包括《民用建筑供暖通风与空气调节设计规范》(GB 50736—2012)、《建筑设计防火规范(2018年版)》(GB 50016—2014)、《公共建筑节能设计标准》(GB 50189—2015)、《温和地区居住建筑节能设计标准》(JGJ 475—2019)、《严寒和寒冷地区居住建筑节能设计标准》(JGJ 26—2018)、《夏热冬冷地区居住建筑节能设计标准》(JGJ 134—2010)、《绿色建筑评价标准》(GB/T 50378—2019)、《通风与空调工程施工规范》(GB 50738—2011)、《通风与空调工程施工质量验收规范》(GB 50243—2016)以及《全国民用建筑工程设计技术措施：暖通空调·动力》等。

## 6.2　冷热源

### 6.2.1　冷热源设置

计算得到空调负荷结果后(见2.2节和2.3节)，需考虑冷热源设置。公共建筑群中，需要设置集中空调系统的建筑，容积率达到2.0以上，具备下列条件并经过技术经济比较后认为较合理，可采用区域供冷系统：

(1) 用户空调负荷及其特性明确。

(2) 该区域的空调建筑全年供热供冷时间长，且需求一致。

(3) 具备规划建设区域能源站及管网的条件。

集中空调系统的冷水(热泵)机组台数及单机制冷量(制热量)选择应适应空调负荷全年变化规律，满足季节及部分负荷运行的调节要求。冷水(热泵)机组一般不宜少于2台;当小型工程仅设1台时,应选调节性能优良的机型。

选择电动压缩式机组时,其制冷剂必须符合国家现行有关环保的规定,应选用环境友好的制冷剂。

选择冷水机组时,应考虑机组水侧污垢对机组性能的影响,采用合理的污垢系数对供冷(热)量进行修正。

空调冷(热)水和系统中的冷水机组、水泵、末端装置等设备、管路及部件的工作压力不应大于其额定工作压力。冷(热)源机房应设置在靠近冷(热)负荷中心处,以便尽可能地减小冷(热)媒的输送距离,同时应符合下列要求:

(1)有地下层的建筑,应充分利用地下层房间作为机房,且应尽量布置在建筑平面的中心部位。

(2)无地下层的建筑,应优先考虑布置在建筑物的一层;当受条件限制,无法将机房设置在主体建筑内时,也可设置在裙房内或设置在与主体建筑脱开的独立机房内。

(3)对于超高层建筑,除应充分利用本建筑地下层外,还应利用屋顶层或设置专用设备层作为机房。

(4)变配电站及水泵房宜靠近制冷机房。

(5)机房内设备的布置,应考虑各类管道的进、出与连接,减少不必要的交叉。

(6)机房布置时,应充分考虑并妥善安排好大型设备的运输与进出通道、安装与维修所需的起吊空间。

(7)大中型机房内应设置观察控制室、维修间及洗手间。

(8)机房内应有给排水设施,满足水系统冲洗、排污等要求。

(9)机房内仪表集中处,应设置局部照明;在机房的主要出入口处,应设事故照明。

冷(热)源机房内部设备的布置,应符合下列要求:

(1)设备布置应符合管道布置方便、整齐、经济、便于安装维修等原则。

(2)机房主要通道的净宽度不应小于1.5 m。

(3)机组与墙之间的净距不应小于1.0 m,与配电柜的距离不应小于1.5 m。

(4)机组与机组或其他设备之间的净距不应小于1.2 m。

(5)机组与其上方管道、烟道、电缆桥架等的净距不应小于1.0 m。

(6)应留出不小于蒸发器、冷凝器等长度的清洗、维修距离。

### 6.2.2 电动压缩式冷水机组

选择电动压缩式冷水机组类型时,宜按表6-1的制冷量范围,经性能价格综合比较后确定。

**表 6-1　电动压缩式冷水机组选型范围**

| 单机名义工况制冷量/kW | 冷水机类型 |
|---|---|
| <116 | 涡旋式 |
| 116～1 054 | 螺杆式 |
| 1 054～1 758 | 螺杆式 |
| | 离心式 |
| >1 758 | 离心式 |

电动压缩式冷水机组的总装机容量应根据计算的空调系统冷负荷值直接选定,不另作附加;在设计条件下,当机组的规格不能符合计算冷负荷的要求时,所选择机组的总装机容量与计算冷负荷的比值不得超过 1.1。

当空调冷负荷大于 528 kW 时,机组的数量不宜少于 2 台。冷水机组的台数宜为 2～4 台,一般不必考虑备用。小型工程只需 1 台机组时,应采用多机头机型。

电动压缩式冷水机组的选型应采用名义工况制冷性能系数(COP)较高的产品,并同时考虑满负荷和部分负荷因素,其性能系数应符合《公共建筑节能设计标准》(GB 50189—2015)的有关规定。

电动压缩式冷水机组电动机的供电方式应符合下列规定:

(1)当单台电动机的额定输入功率大于 1 200 kW 时,应采用高压供电方式。

(2)当单台电动机的额定输入功率大于 900 kW 而小于或等于 1 200 kW 时,宜采用高压供电方式。

(3)当单台电动机的额定输入功率大于 650 kW 而小于或等于 900 kW 时,可采用高压供电方式。

# 6.3　空调水系统

## 6.3.1　空调冷热水参数

空调冷热水参数应考虑对冷热源装置、末端设备、循环水泵功率的影响等因素,并按以下原则确定:

(1)采用冷水机组直接供冷时,空调冷水供水温度不宜低于 5 ℃,空调冷水供回水温差不应小于 5 ℃;有条件时,宜适当增大供回水温差。

（2）采用温湿度独立控制空调系统时,负担显热的冷水机组的空调供水温度不宜低于 16 ℃;当采用强制对流末端设备时,空调冷水供回水温差不宜小于 5 ℃。

（3）采用天然冷源制取空调冷水时,空调冷水的供水温度应根据当地气象条件和末端设备的工作能力合理确定;采用强制对流末端设备时,空调冷水的供回水温差不宜小于 4 ℃。

（4）采用地源热泵等作为热源时,空调热水供回水温度和温差应按设备要求确定。

（5）采用辐射供冷末端设备时,空调冷水的供水温度应以末端设备表面不结露为原则确定;供回水温差不应小于 2 ℃。

（6）除设蓄冷蓄热水池等直接供冷供热的蓄能系统及用喷水室处理空气的系统外,空调水系统应采用闭式循环系统。

当建筑物所有区域只要求按季节同时进行供冷和供热转换时,应采用两管制的空调水系统;当建筑物内一些区域的空调系统需全年供应空调冷水、其他区域仅要求按季节进行供冷和供热转换时,可采用分区两管制的空调水系统;当空调水系统的供冷和供热工况转换频繁或需同时使用时,宜采用四管制空调水系统。

### 6.3.2 集中空调冷水系统

集中空调冷水系统的选择应符合下列规定:

（1）除设置一台冷水机组的小型工程外,不应采用定流量一级泵系统。

（2）冷水水温和供回水温差要求一致且各区域管路压力损失相差不大的中小型工程,宜采用变流量一级泵系统;当单台水泵功率较大时,经技术和经济比较,在确保设备的适应性、控制方案和运行管理可靠的前提下,可采用冷水机组变流量方式。

（3）系统作用半径较大、设计水流阻力较高的大型工程,宜采用变流量二级泵系统。当各环路的设计水温一致且设计水流阻力接近时,二级泵宜集中设置;当各环路的设计水流阻力相差较大或者各系统水温或温差要求不同时,宜按区域或系统分别设置二级泵。

（4）冷源设备集中设置且用户分散的区域供冷等大规模空调冷水系统,当二级泵的输送距离较远且各用户管路阻力相差较大,或者水温（温差）要求不同时,可采用多级泵系统。

采用换热器加热或冷却的二次空调水系统的循环水泵宜采用变速调节。对供冷(热)负荷和规模较大的工程,当各区域管路阻力相差较大或需要对二次水系统分别管理时,可按区域分别设置换热器和二次循环泵。

### 6.3.3　空调水系统自控阀门

空调水系统自控阀门的设置应符合下列规定:

(1)多台冷水机组和冷水泵之间通过共用集管连接时,每台冷水机组进水或出水管道上应设置与对应的冷水机组和水泵联锁开关的电动两通阀。

(2)除定流量一级泵系统外,空调末端装置应设置水路电动两通阀。

(3)变流量一级泵系统采用冷水机组定流量方式时,应在系统的供回水管之间设置电动旁通调节阀,旁通调节阀的设计流量宜取容量最大的单台冷水机组的额定流量。

### 6.3.4　泵系统

#### 6.3.4.1　一级泵

变流量一级泵系统采用冷水机组变流量方式时,空调水系统设计应符合下列规定:

(1)一级泵应采用调速泵。

(2)在总供、回水管之间应设旁通管和电动旁通调节阀,旁通调节阀的设计流量应取各台冷水机组允许的最小流量中的最大值。

(3)应考虑蒸发器最大许可的水压降和水流对蒸发器管束的侵蚀因素,确定冷水机组的最大流量;冷水机组的最小流量不应影响到蒸发器换热效果和运行安全性。

(4)应选择允许水流量变化范围大、适应冷水流量快速变化(允许流量变化率大)、具有减少出水温度波动的控制功能的冷水机组。

(5)采用多台冷水机组时,应选择在设计流量下蒸发器水压降相同或接近的冷水机组。

除空调热水和空调冷水的流量、管网阻力相吻合的情况外,两管制空调水系统应分别设置冷水和热水循环泵。

空调冷热水系统循环水泵的输送能效比应符合国家现行标准《公共建筑节能设计标准》(GB 50189—2015)的规定。

#### 6.3.4.2　二级泵

二级泵和多级泵空调水系统的设计应符合下列要求:

(1)应在供回水总管之间冷源侧和负荷侧分界处设平衡管,平衡管宜设置在冷源机房内,管径不宜小于总供回水管管径。

(2) 采用二级泵系统且按区域分别设置二级泵时,应考虑服务区域的平面布置、系统的压力分布等因素,合理确定二级泵的设置位置。

(3) 二级泵等负荷侧各级泵应采用变速泵。

### 6.3.4.3 泵的台数

空调水循环泵台数应符合下列要求:

(1) 水泵定流量运行的一级泵,其设置台数和流量应与冷水机组的台数和流量相对应,并宜与冷水机组的管道一对一连接。

(2) 变流量运行的每个分区的各级水泵不宜少于 2 台。当所有的同级水泵均采用变速调节方式时,台数不宜过多。

(3) 空调热水泵台数不宜少于 2 台;严寒及寒冷地区,当热水泵不超过 3 台时,其中一台宜设置为备用泵。

### 6.3.4.4 补水泵

空调水系统布置和选择管径时,应减小并联环路之间压力损失的相对差额。当设计工况时并联环路之间压力损失的相对差额超过 15％时,应采取水力平衡措施。

空调水系统的补水泵的设计补水量(小时流量)可按系统水容量的 1％计算。空调水系统的补水点,宜设置在循环水泵的吸入口处。当采用高位膨胀水箱定压时,应通过膨胀水箱直接向系统补水;当采用其他定压方式时,如果补水压力低于补水点压力,应设置补水泵。空调补水泵的选择及设置应符合下列规定:

(1) 补水泵的扬程,应保证补水压力比系统静止时补水点的压力高 30～50 kPa。

(2) 补水泵宜设置 2 台,补水泵的总小时流量宜为系统水容量的 5％～10％。

(3) 当仅设置 1 台补水泵时,严寒及寒冷地区空调热水用及冷热水合用的补水泵,宜设置备用泵。

当设置补水泵时,空调水系统应设补水调节水箱;水箱的调节容积应根据水源的供水能力、软化设备的间断运行时间及补水泵稳定运行等因素确定。

### 6.3.4.5 冷凝水

空调设备冷凝水管道的设置应符合下列规定:

(1) 当空调设备冷凝水积水盘位于机组的正压段时,冷凝水积水盘的出水口宜设置水封;当冷凝水积水盘位于负压段时,应设置水封,且水封高度应大于冷凝水积水盘处正压或负压值。

(2) 冷凝水积水盘的泄水支管沿水流方向坡度不宜小于 0.01;冷凝水干管坡度不宜小于 0.005,不应小于 0.003,且不允许有积水部位。

(3) 冷凝水水平干管始端应设置扫除口。

（4）冷凝水管道宜采用排水塑料管或热镀锌钢管；当凝结水管表面可能产生二次冷凝水且对使用房间有可能造成影响时，凝结水管道应采取防结露措施。

（5）冷凝水排入污水系统时，应有空气隔断措施；冷凝水管不得与室内雨水系统直接连接。

（6）冷凝水管管径应按冷凝水的流量和管道坡度确定。

#### 6.3.4.6　其他规定

当给水硬度较高时，空调热水系统的补水宜进行水质软化处理，水质应符合国家现行相关标准规定。

空调水管的坡度、设置伸缩器的要求应符合《工业建设供暖通风与空气调节设计规范》中对热水供暖管道的规定。

空调水系统应设置排气和泄水装置。

冷水机组或换热器、循环水泵、补水泵等设备的入口管道上，应根据需要设置过滤器或除污器。

## 6.4　空调风系统

### 6.4.1　系统设置及设计原则

#### 6.4.1.1　系统设置

选择空调系统时，应根据建筑物的用途、规模、使用特点、负荷变化情况、参数要求、所在地区气象条件与能源状况等，并通过技术经济比较来确定。空调区应根据房间功能要求、负荷特性、进深、朝向、分隔等划分，符合下列情况之一的空调区，宜分别设置空调风系统：

（1）使用时间不同的空调区。

（2）温湿度基数和允许波动范围不同的空调区。

（3）对空气的洁净要求不同的空调区。

（4）噪声标准要求不同，以及有消声要求和产生噪声的空调区。

（5）同一时间内分别需要进行供热和供冷的空调区。

（6）当空气中含有易燃易爆或有毒有害物质的空调区。

不同空调区合用空调风系统时，应符合下列原则：

（1）空气的洁净要求不同的空调区，对洁净度要求高的区域应做局部处理。

（2）噪声标准要求不同的空调区，对噪声标准要求高的空调区应做局部处理。

#### 6.4.1.2 设计原则

全空气空调系统的设计应符合下列原则：

(1) 除工艺特殊要求外,应采用单风管式系统。

(2) 当空调区允许采用较大送风温差或室内散湿量较大时,应采用一次回风的全空气空调系统。

(3) 当要求采用较小送风温差且室内散湿量较小、相对湿度允许波动范围较大时,可采用二次回风的全空气空调系统。

(4) 除温湿度波动范围要求严格的空调区外,不宜在同一个空气处理系统中同时有加热和冷却过程。

#### 6.4.1.3 定风量系统与变风量系统的选择

下列空调区宜采用全空气定风量空调系统：

(1) 空间较大、人员较多。

(2) 温湿度允许波动范围小。

(3) 噪声或洁净度标准高。

在经济、技术条件允许时,下列空调系统宜采用全空气变风量空调系统：

(1) 在同一个空调风系统中,各空调区的冷、热负荷变化大,低负荷运行时间长,且需要分别控制各空调区温度。

(2) 建筑内区全年需要送冷风。

(3) 对卫生等标准要求较高的舒适性空调系统。

全空气变风量空调系统设计要求如下：

(1) 应合理划分空调区域。

(2) 变风量末端装置宜选用压力无关型,其选型应根据负荷特性经计算确定。

(3) 变风量空调末端装置调节特性应结合其自身自动控制方式确定,并充分考虑二次噪声对室内环境的影响。

(4) 应采取保证最小新风量要求的措施。

空气处理机组的最大送风量应根据系统的逐时冷负荷的综合最大值确定,最小送风量应根据负荷变化范围和房间卫生、正压、气流组织及末端装置可变风量范围等因素确定,且不应小于设计新风量。同时,风机宜采用变速调节,应采取避免风机运行工作点进入风机不稳定区的措施,并采用扩散性能好的风口。

#### 6.4.1.4 回风机

全空气空调系统符合下列情况之一时,宜设回风机。设置回风机的空调系统应采取保证新回风混合室全年处于负压的措施。

（1）不同季节的新风量变化较大、其他排风出路不能适应风量变化要求。

（2）回风系统阻力较大,设置回风机经济合理。

（3）需要减小风机噪声。

（4）送回风量需分别调节的变风量系统。

### 6.4.1.5　风机盘管

空调区较多、各空调区要求单独调节,且建筑层高较低的建筑物,宜采用风机盘管加新风空调系统。当空调区空气质量和温湿度波动范围要求严格或空气中含有较多油烟时,不宜采用风机盘管加新风空调系统。风机盘管加新风系统设计应符合下列要求:

（1）处理后的新风宜直接送入人员活动区域。

（2）室内散湿量较大的空调区,新风宜处理到室内等湿状态点。

（3）卫生标准较高的空调区,处理后的新风宜负担全部室内湿负荷。

## 6.4.2　低温送风空调系统

采用低温送风空调系统时,应符合下列规定:

（1）空气冷却器的出风温度与冷媒的进口温度之间的温差不宜小于 3 ℃,出风温度宜采用 4～10 ℃,直接膨胀系统不应低于 7 ℃。

（2）确定室内送风温度时,应计算送风机、送风管道及送风末端装置的温升;并应保证在室内温湿度条件下风口不结露。

（3）采用低温送风时,室内设计干球温度宜比常规空气调节系统提高 1 ℃。

（4）空气处理机组的选型应通过技术经济比较确定。空气冷却器的迎风面风速宜采用 1.5～2.3 m/s;冷媒通过空气冷却器的温升宜采用 9～13 ℃。

（5）当送风口直接向空调区送低温冷风时,应采取使送风温度逐渐降低的措施。

（6）低温送风系统的空气处理机组至送风口处必须进行严密的保冷,保冷层厚度应经计算确定,并应符合相关规范规定。

（7）低温送风系统的末端送风装置应符合相关规范的规定。

## 6.4.3　温湿度独立控制空调系统

室内空气品质和舒适性要求较高、设置集中空调系统的建筑,有条件且经技术经济比较合理时,可采用温湿度独立控制空调系统。采用温湿度独立控制空调系统时,应符合下列规定:

（1）应根据气候分区采取不同的新风处理方式。

（2）冷却除湿不应采用热水、电加热等外部热源再热方式;有高于 70 ℃的余热可利用时,应采用余热驱动式溶液除湿方式。

(3) 有条件时,可采用自然冷源制取高温冷水。

(4) 新风量应按满足卫生和除湿要求进行计算,并取较大值;干燥地区采用蒸发冷却方式处理新风时,可适当增大新风量。

(5) 新风送风系统的末端送风装置应符合相关规范的规定。

潮湿地区使用的辐射板或干式风机盘管的高温冷水系统,应对室内湿度进行监控,并采取确保设备表面不结露的措施。

### 6.4.4 直流式(全新风)空调系统

下列情况应采用直流式(全新风)空调系统:

(1) 夏季空调系统的回风焓值高于室外空气焓值。

(2) 系统服务的各空调区排风量大于按负荷计算出的送风量。

(3) 室内散发有害物质,以及防火防爆等要求不允许空气循环使用。

(4) 卫生或工艺要求采用直流式(全新风)空调系统。

直流式系统不包括设置了回风但过渡季可通过阀门转换,采用全新风直流运行的全空气空调系统。考虑节能要求,一般全空气空调系统不应采用冬夏季能耗较大的直流式(全新风)空调系统,而应采用有回风的混风系统。

空调系统的新风量应符合下列规定:

(1) 应不小于人员所需新风量以及补偿排风和保持室内正压所需风量中的较大值。

(2) 根据人员的活动和工作性质以及在室内的停留时间等因素确定人员所需新风量,并满足相关规范的要求。

(3) 当全空气空调系统必须服务于不同新风比的多个空调区域时,不应采用新风比最大区域的数值作为系统的总新风比。舒适性空调和条件允许的工艺性空调可用新风作冷源时,全空气空调系统应最大限度地使用新风。

### 6.4.5 排风

空调系统应有排风出路,室内正压值宜取 $5\sim10$ Pa,最大不应超过 $30$ Pa。人员集中且密闭性较好或过渡季节使用大量新风的空调区,应设置机械排风设施,排风量应适应新风量的变化。

设有集中排风的空气调节系统宜设置空气热回收装置。空气热回收装置的类型,应根据处理风量、新排风中显热和潜热能耗的构成、排风污染物种类等因素确定。

空调区的气流组织应根据建筑物对空调区内温湿度参数、允许风速、噪声标准、空气质量、室内温度梯度及空气分布特性指标(ADPI)等要求,结合建筑物特点、内部装修、家具布置等进行设计、计算;复杂空间的气流组织设计宜采用计算流体动力学(CFD)模拟计算。

### 6.4.6　送风

#### 6.4.6.1　送风方式

空调区的送风方式及送风口的选型应符合下列要求:

(1)宜采用百叶风口或条缝形风口等侧送,侧送气流宜贴附;工艺设备对侧送气流有一定阻碍或单位面积送风量较大,人员活动区的风速有要求时,不应采用侧送。

(2)当有吊顶可利用时,应根据空调区高度与使用场所对气流的要求,分别采用圆形、矩形、条缝形散流器或孔板送风。当单位面积送风量较大,且人员活动区内要求风速较小或区域温差要求严格时,应采用孔板送风。

(3)空间较大的公共建筑,宜采用喷口送风、旋流风口送风或下部送风。

(4)演播室等室内余热量大的高大空间,宜采用可伸缩的圆筒形风口向下送风。

(5)全空气变风量空调系统的送风末端装置,应保证在风量改变时室内气流分布不受影响,并满足空调区的温度、风速的基本要求。

(6)送风口表面温度应高于室内露点温度 $1\sim2$ ℃,低于室内露点温度时,应采用低温送风风口。

采用贴附侧送风时,应符合下列要求:

(1)送风口上缘离顶棚距离较大时,送风口处设置向上倾斜 $10°\sim20°$ 的导流片。

(2)送风口内设置使射流不致左右偏斜的导流片。

(3)射流流程中无阻挡物。

采用孔板送风时,应符合下列要求:

(1)孔板上部稳压层的高度应按计算确定,但净高不应小于 0.2 m。

(2)向稳压层内进风的速度宜采用 $3\sim5$ m/s。除送风射流较长的以外,稳压层内可不设送风分布支管。在送风口处,宜装设防止送风气流直接吹向孔板的导流片或挡板。

(3)孔板布置应与室内局部热源的分布相适应。

采用喷口送风时,应符合下列要求:

(1)人员活动区宜处于回流区。

喷口的安装高度应根据空调区高度和回流区的分布位置等因素确定。

(2) 兼作热风采暖时,宜具有能改变射流出口角度的可能性。

采用散流器送风时,应满足下列要求:

(1) 风口布置应有利于送风气流对周围空气的诱导,风口中心与侧墙的距离不宜小于 1.0 m。

(2) 在散流器平送方向不应有阻挡物。

(3) 兼作供暖使用时,且风口安装高度较高时,散流器宜具有改变射流流态的功能。

采用置换通风时,应满足下列要求:

(1) 地面至吊顶的高度宜大于 2.7 m。

(2) 送风温度不宜低于 18 ℃。

(3) 系统所处理的冷负荷不宜大于 120 W/m²。

(4) 室内不应有较大的热源和较强的气流扰动。

(5) 房间的垂直温度梯度宜小于 2 K/m。

(6) 应避免与其他送、排风系统用于同一个空间中。

采用地板送风(UFAD)时,应满足下列要求:

(1) 送风温度不宜低于 16 ℃。

(2) 气流分层的高度应维持在室内人员呼吸区之上。

(3) 地板内送风空气的相对湿度应控制在 80% 以下。

(4) 地板静压箱应密封良好,与周围建筑构件间应有良好的绝热性和防潮性。

(5) 应避免与其他送、排风系统用于同一个空间中。

分层空调的气流组织设计,应符合下列要求:

(1) 空调区宜采用双侧送风,当空调区跨度小于 18 m 时,亦可采用单侧送风,其回风口宜布置在送风口的同侧下方。

(2) 侧送多股平行射流应互相搭接;采用双侧对送射流时,其射程可按相对喷口中点距离的 90% 计算。

(3) 宜减少非空调区向空调区的热转移;必要时,宜在非空调区设置送、排风装置。

(4) 空调系统上送风方式的夏季送风温差应根据进风口类型、安装高度、气流射程长度以及是否贴附等因素确定。在满足舒适和工艺要求的条件下,宜加大送风温差。舒适性空调上送风方式的夏季送风温差,按表 6-2 采用;工艺性空调的送风温差,按表 6-3 采用。

表 6-2　舒适性空调的夏季送风温差(上送风方式)

| 送风口高度/m | 送风温差/℃ |
|---|---|
| ≤5.0 | 5～10 |
| >5.0 | 10～15 |

表 6-3　工艺性空调的送风温差

| 室温允许波动范围/℃ | 送风温差/℃ |
|---|---|
| >±1.0 | ≤15.0 |
| ±1.0 | 6～9 |
| ±0.5 | 3～6 |
| ±0.1～0.2 | 2～3 |

#### 6.4.6.2　出口风速

送风口的出口风速应根据送风方式、送风口类型、安装高度、室内允许风速和噪声标准等因素确定。当对消声要求较高时,宜采用 2～5 m/s,喷口送风可采用 4～10 m/s。

### 6.4.7　回风

回风口和排风口的位置,应根据对人员活动区域的影响、冬夏季工况及空调房间的净高等因素确定,且应符合下列要求:

(1)不应设在送风射流区和人员经常停留的地方。

(2)采用侧送时,回风口宜设在送风口的同侧下方。

(3)房间高度较大且冬季送热风时或采用孔板送风和散流器向下送风时,回风口宜设在房间下部。

(4)以夏季送冷风为主的空调区,当采用顶部送回风方式时,顶部回风口宜与灯具相结合。

(5)建筑顶层、吊顶上部存在较大发热量或者吊顶空间较大时,不宜直接从吊顶回风。

(6)有走廊的多间空调房间,有条件时可采用走廊回风,但走廊断面风速不宜过大。

(7)采用置换通风方式时,回风口应置于人员活动区高度以上,排风口应高于回风口。

回风口的吸风速度宜按表 6-4 选用。

表 6-4　回风口的吸风速度

| 回风口的位置 | | 最大吸风速度/(m/s) |
|---|---|---|
| 房间上部 | | ≤4.0 |
| 房间下部 | 不靠近人经常停留的地点时 | ≤3.0 |
| | 靠近人经常停留的地点时 | ≤1.5 |

## 6.4.8　空气冷却与加热

### 6.4.8.1　空气冷却

空气冷却器的选择,应符合下列要求:

(1) 采用循环水蒸发冷却或天然冷源时,可选用喷水室和直接蒸发冷却器。采用喷水室时,采用天然冷源且温度条件适宜时,宜选用两级喷水室。

(2) 采用人工冷源时,宜采用空气冷却器。当要求利用循环水进行绝热加湿或利用喷水增加空气处理后的饱和度时,可选用带喷水装置的空气冷却器。

空气冷却器的设置应符合下列要求:

(1) 空气与冷媒应逆向流动。

(2) 常温空调系统空气冷却器迎风面的空气质量流速宜采用 2.5～3.5 kg/(m² · s),当迎风面的空气质量流速大于 3.0 kg/(m² · s)时,应在冷却器后设置挡水板。

(3) 医院手术室洁净空调系统空气冷却器迎风面空气质量流速不应大于2.4 kg/(m² · s)。

(4) 空气冷却器的冷媒进口温度应比空气的出口干球温度至少低 3.5 ℃。冷媒的温升宜采用 5～10 ℃,其流速宜采用 0.6～1.5 m/s。

(5) 低温送风空调系统的空气冷却器应符合相关规范的要求。

### 6.4.8.2　空气加热

空气加热器的选择,应符合下列规定:

(1) 加热空气的热媒宜采用热水。

(2) 工艺性空调,当室温允许波动范围小于±1.0 ℃时,送风末端的加热器宜采用电加热器。

(3) 热水的供水温度及供回水温差,应符合《民用建筑供暖通风与空气调节设计规范》(GB 50736—2012)的相关规定。

两管制水系统,当冬夏季空调负荷相差较大时,应分别计算冷、热盘管的换热面积;当二者换热面积相差很大时,宜分别设置冷、热盘管。

### 6.4.9　空气净化过滤

空调系统的新风和回风应经过滤处理。空气过滤器的设置,应符合下列规定:

(1) 舒适性空调,当采用粗效过滤器不能满足要求时,应设置中效过滤器。

(2) 工艺性空调,应按空调区的洁净度要求设置过滤器。

(3) 空气过滤器的阻力应按终阻力计算。

(4) 宜设置过滤器阻力监测、报警装置,并应具备更换条件。

对于人员密集空调区或对空气质量要求较高的场所,其全空气空调系统宜设置空气净化装置。空气净化装置的类型应根据人员密度、初投资、运行费用及空调区环境要求等,经技术经济比较确定,并符合下列规定:

(1) 空气净化装置类型的选择应根据空调区污染物性质选择。

(2) 空气净化装置的指标应符合现行相关标准。

空气净化装置的设置应符合下列规定:

(1) 空气净化装置在空气净化处理过程中不应产生新的污染。

(2) 空气净化装置宜设置在空气热湿处理设备的进风口处,净化要求高时可在出风口处设置二级净化装置。

(3) 应设置检查口。

(4) 宜具备净化失效报警功能。

(5) 高压静电空气净化装置应设置与风机有效联动的措施。

### 6.4.10　空气加湿

冬季空调区对湿度有要求时,宜设置加湿装置。加湿装置的类型应根据加湿量、相对湿度允许波动范围要求等,经技术经济比较确定,并应符合下列规定:

(1) 有蒸汽源时,宜采用干蒸汽加湿器。

(2) 无蒸汽源且空调区湿度控制精度要求严格时,宜采用电加湿器。

(3) 对湿度要求不高时,可采用高压喷雾或湿膜等绝热加湿器。

(4) 加湿装置的供水水质应符合卫生要求。

空气处理机组宜安装在空调机房内。空调机房应符合下列规定:

(1) 机房邻近所服务的空调区。

(2) 机房面积和净高应根据机组尺寸确定,并保证风管的安装空间以及适当的机组操作、检修空间。

(3) 机房内应考虑排水和地面防水设施。

# 6.5 材料要求

通风与空调工程所使用的材料应有齐全有效的中文质量证明文件。设备的型式检验报告应为该产品系列,并应在有效期内。

材料与设备进场时,施工单位应对其进行检查和试验,合格后报请监理工程师(建设单位代表)进行验收,填写材料(设备)进场验收记录。未经监理工程师(建设单位代表)验收合格的材料与设备,不应在工程中使用。

通风与空调工程所使用的绝热材料和风机盘管进场时,应按《建筑节能工程施工质量验收标准》(GB 50411—2019)的有关要求进行见证取样检验。

# 6.6 施工安装要点

## 6.6.1 施工技术管理

(1) 承担通风与空调工程施工的企业应具有相应的施工资质;施工现场具有相应的技术标准。

(2) 施工企业承担通风与空调工程施工图深化设计时,其深化设计文件应经原设计单位确认。

(3) 通风与空调工程施工前,建设单位应组织设计、施工、监理等单位对设计文件进行交底和会审,形成书面记录,并应由参与会审的各方签字确认。

(4) 通风与空调工程施工前,施工单位应编制通风与空调工程施工组织设计(方案),并应经本单位技术负责人审查合格、监理(建设)单位审查批准后实施。施工单位应对通风与空调工程的施工作业人员进行技术交底和必要的作业指导培训。

(5) 施工图变更需经原设计单位认可,当施工图变更涉及通风与空调工程的使用效果和节能效果时,该项变更应经原施工图设计文件审查机构审查,在实施前应办理变更手续,并应获得监理和建设单位的确认。

(6) 系统检测与试验、试运行与调试前,施工单位应编制相应的技术方案,并应经审查批准。

（7）通风与空调工程采用的新技术、新工艺、新材料、新设备，应按有关规定进行评审、鉴定及备案。施工前应对新的或首次采用的施工工艺制定专项的施工技术方案。

### 6.6.2　施工质量管理

（1）施工现场应建立相应的质量管理体系，并应包括下列内容：

① 岗位责任制。

② 技术管理责任制。

③ 质量管理责任制。

④ 工程质量分析例会制。

（2）施工现场应建立施工质量控制和检验制度，并应包括下列内容：

① 施工组织设计（方案）及技术交底执行情况检查制度。

② 材料与设备进场检验制度。

③ 施工工序控制制度。

④ 相关工序间的交接检验以及专业工种之间的中间交接检查制度。

⑤ 施工检验及试验制度。

（3）管道穿越墙体和楼板时，应按设计要求设置套管，套管与管道间应采用阻燃材料填塞密实；当穿越防火分区时，应采用不燃材料进行防火封堵。

（4）管道与设备连接前，系统管道水压试验、冲洗（吹洗）试验应合格。

（5）隐蔽工程在隐蔽前，应经施工项目技术（质量）负责人、专业工长及专职质量检验员共同参加的质量检查，检查合格后再报监理工程师（建设单位代表）进行检查验收，填写隐蔽工程验收记录，重要部位还应附必要的图像资料。

（6）隐蔽的设备及阀门应设置检修口，并应满足检修和维护需要。

（7）用于检查、试验和调试的器具、仪器及仪表应检定合格，并应在有效期内。

## 6.7　设备安装

### 6.7.1　空调冷热源与辅助设备安装

空调系统包括通常采用的压缩式制冷机组、换热设备、软化水设备、水泵及附属设备。下面分别介绍各设备安装的要求和要点。

(1) 施工条件。

空调冷热源与辅助设备安装前应具备下列施工条件：

① 施工方案已批准，采用的技术标准、质量和安全控制措施文件齐全；燃油、燃气机组的施工图已经消防部门审批。

② 设备及辅助材料进场检验合格，设备安装说明已熟悉。

③ 基础验收已合格，并办理移交手续。

④ 道路、水源、电源、蒸汽、压缩空气和照明等满足设备安装要求。

⑤ 设备利用建筑结构作为起吊、搬运的承力点时，应对建筑结构的承载能力进行核算，并应经设计单位或建设单位同意再利用。

⑥ 安装施工机具和工具已齐备，满足使用要求。

(2) 蒸汽压缩式制冷(热泵)机组安装。

蒸汽压缩式制冷(热泵)机组的基础应满足设计要求，并应符合下列规定：

① 型钢或混凝土基础的规格和尺寸应与机组匹配。

② 机组的基础表面应平整，无蜂窝、裂纹、麻面和露筋。

③ 机组的基础应坚固，强度经测试满足机组运行时的荷载要求。

④ 混凝土基础预留螺栓孔的位置、深度、垂直度应满足螺栓安装要求；基础预埋件应无损坏，表面光滑平整。

⑤ 机组的基础四周应有排水设施。

⑥ 机组的基础位置应满足操作及检修的空间要求。

蒸汽压缩式制冷(热泵)机组就位安装应符合下列规定：

① 机组安装位置应符合设计要求，同规格设备成排就位时，尺寸应一致。

② 减振装置的种类、规格、数量及安装位置应符合产品技术文件的要求；采用弹簧隔振器时，应设有防止机组运行时水平位移的定位装置。

③ 机组应水平，当采用垫铁调整机组水平度时，垫铁放置位置应正确、接触紧密，每组不超过 3 块。

蒸汽压缩式制冷(热泵)机组配管应符合下列规定：

① 机组与管道连接应在管道冲(吹)洗合格后进行。

② 与机组连接的管路上应按设计及产品技术文件的要求安装过滤器、阀门、部件、仪表等，位置应正确、排列应规整。

③ 机组与管道连接时，应设置软接头，管道应设独立的支吊架。

④ 压力表距阀门位置不宜小于 200 mm。

(3) 换热设备安装。

换热设备安装应符合下列规定：

① 安装前应清理干净设备上的油污、灰尘等杂物，设备所有的孔塞或盖在安装前不应拆除。

② 应按施工图核对设备的管口方位、中心线和重心位置，确认无误后再就位。

③ 换热设备的两端应留有足够的清洗、维修空间。

换热设备与管道冷热介质进出口的接管应符合设计及产品技术文件的要求，并应在管道上安装阀门、压力表、温度计、过滤器等。流量控制阀应安装在换热设备的进口处。

（4）软化水装置安装。

软化水装置安装应符合下列规定：

① 软化水装置的电控器上方或沿电控器开启方向应预留不小于 600 mm 的检修空间。

② 盐罐安装位置应靠近树脂罐，并应尽量缩短吸盐管的长度。

③ 过滤型的软化水装置应按设备上的水流方向标识安装，不应装反；非过滤型的软化水装置安装时可根据实际情况选择进出口。

软化水装置配管应符合设计要求，并应符合下列规定：

① 进、出水管道上应装有压力表和手动阀门，进、出水管道之间应安装旁通阀，出水管道阀门前应安装取样阀，进水管道宜安装 Y 形过滤器。

② 排水管道上不应安装阀门，排水管道不应直接与污水管道连接。

③ 与软化水装置连接的管道应设独立支架。

（5）水泵安装。

水泵就位安装应符合下列规定：

① 水泵就位时，水泵纵向中心轴线应与基础中心线重合对齐，并找平找正。

② 水泵与减振板固定应牢靠，地脚螺栓应有防松动措施。

水泵吸入管安装应满足设计要求，并应符合下列规定：

① 吸入管水平段应有沿水流方向连续上升的不小于 0.5% 坡度。

② 水泵吸入口处应有不小于 2 倍管径的直管段，吸入口不应直接安装弯头。

③ 吸入管水平段上严禁因避让其他管道安装向上或向下的弯管。

④ 水泵吸入管变径时，应做偏心变径管，管顶上平。

⑤ 水泵吸入管应按设计要求安装阀门、过滤器。水泵吸入管与泵体连接

处,应设置可挠曲软接头,不宜采用金属软管。

⑥ 吸入管应设置独立的管道支、吊架。

水泵出水管安装应满足设计要求,并应符合下列规定:

① 出水管段安装顺序应依次为变径管、可挠曲软接头、短管、止回阀、闸阀(蝶阀)。

② 出水管变径应采用同心变径。

③ 出水管应设置独立的管道支、吊架。

(6) 制冷、制热附属设备安装。

制冷、制热附属设备就位安装应符合设计及产品技术文件的要求,并应符合下列规定:

① 制冷、制热附属设备支架、底座应与基础紧密接触,安装平正、牢固,地脚螺栓应垂直拧紧。

② 定压稳压装置的罐顶至建筑物结构最低点的距离不应小于 1.0 m,罐与罐之间及罐壁与墙面的净距不宜小于 0.7 m。

③ 电子净化装置、过滤装置安装应位置正确,便于维修和清理。

### 6.7.2 空气处理设备安装

(1) 空气处理设备安装前施工条件。

空气处理设备安装前应具备下列施工条件:

① 施工方案已批准,采用的技术标准、质量和安全控制措施文件齐全。

② 设备及辅助材料经进场检查和试验合格,熟悉设备安装说明书。

③ 基础验收已合格,并办理移交手续。

④ 运输道路畅通,安装部位清理干净,照明满足安装要求。

⑤ 设备利用建筑结构作为起吊、搬运的承力点时,应对建筑结构的承载能力进行核算,并应经设计单位或建设单位同意。

⑥ 安装施工机具已齐备,满足安装要求。

(2) 空气处理设备的安装要求。

空气处理设备的安装应满足设计和技术文件的要求,并应符合下列规定:

① 空气处理设备安装前,油封、气封应良好,且无腐蚀。

② 空气处理设备安装位置应正确,设备安装平整度应符合产品技术文件的要求。

③ 采用隔振器的设备,其隔振安装位置和数量应正确,各个隔振器的压缩

量应均匀一致,偏差不应大于 2 mm。

④ 空气处理设备与水管道连接时,应设置隔振软接头,其耐压值应大于或等于设计工作压力的 1.5 倍。

(3) 空调末端装置安装。

风机盘管、变风量空调末端装置的安装及配管应满足设计要求,并应符合下列规定:

① 风机盘管、变风量空调末端装置安装位置应符合设计要求,固定牢靠,且平正。

② 与进、出风管连接时,均应设置柔性短管。

③ 与冷热水管道的连接,宜采用金属软管,软管连接应牢固,无扭曲和瘪管现象。

④ 冷凝水管与风机盘管连接时,宜设置透明胶管,长度不宜大于 150 mm,接口应连接牢固、严密,坡向正确,无扭曲和瘪管现象。

⑤ 冷热水管道上的阀门及过滤器应靠近风机盘管、变风量空调末端装置安装;调节阀安装位置应正确,放气阀应无堵塞现象。

⑥ 金属软管及阀门均应保温。

(4) 风机安装。

风机安装前应检查电机接线正确无误并通电试验,叶片转动灵活、方向正确,机械部分无摩擦、松脱,无漏电及异常声响。风机落地安装的基础标高、位置、主要尺寸、预留洞的位置和深度应符合设计要求;基础表面应无蜂窝、裂纹、麻面、露筋;基础表面应水平。

风机安装应符合下列规定:

① 风机安装位置应正确,底座应水平。

② 落地安装时,应固定在隔振底座上,底座尺寸应与基础大小匹配,中心线一致;隔振底座与基础之间应按设计要求设置减振装置。

③ 风机吊装时,吊架及减振装置应符合设计及产品技术文件的要求。

风机与风管连接时,应采用柔性短管连接,风机的进出风管和阀件应设置独立的支、吊架。

(5) 空气处理机组与空气热回收装置安装。

空气处理机组安装前应检查确认各功能段的设置符合设计要求,外表及内部清洁干净,内部结构无损坏。手盘叶轮叶片应转动灵活、叶轮与机壳无摩擦。检查门应关闭严密。

基础表面应无蜂窝、裂纹、麻面、露筋;基础位置及尺寸应符合设计要求;当设计无要求时,基础高度不应小于 150 mm,并应满足产品技术文件的要求,且能满足凝结水排放坡度要求;基础旁应留有不小于机组宽度的空间。

设备吊装安装时,其吊架及减振装置应符合设计及产品技术文件的要求。

组合式空调机组及空气热回收装置的现场组装应由供应商负责实施,组装完成后应进行漏风率试验,漏风率应符合《组合式空调机组》(GB/T 14294—2008)的规定。

空气处理机组与空气热回收装置的过滤网应在单机试运转完成后安装。

空气热回收装置可按空气处理机组进行配管安装。接管方向应正确,连接可靠、严密。

组合式空调机组的配管应符合下列规定:

① 水管道与机组连接宜采用橡胶柔性接头,管道应设置独立的支、吊架。

② 机组接管最低点应设泄水阀,最高点应设放气阀。

③ 阀门、仪表应安装齐全,且规格、位置应正确,风阀开启方向应顺气流方向。

④ 凝结水的水封应按产品技术文件的要求进行设置。

⑤ 在冬季使用时,应有防止盘管、管路冻结的措施。

⑥ 机组与风管采用柔性短管连接时,柔性短管的绝热性能应符合风管系统的要求。

### 6.7.3 风管与部件安装

(1) 风管与部件安装前应具备下列施工条件:

① 安装方案已批准,采用的技术标准和质量控制措施文件齐全。

② 风管及附属材料进场检验已合格,满足安装要求。

③ 施工部位环境满足作业条件。

④ 风管的安装坐标、标高、走向已经过技术复核,并应符合设计要求。

⑤ 安装施工机具已齐备,满足安装要求。

⑥ 核查建筑结构的预留孔洞位置,孔洞尺寸应满足套管及管道不间断保温的要求。

(2) 风管穿过需要密闭的防火、防爆的楼板或墙体时,应设壁厚不小于 1.6 mm 的钢制预埋管或防护套管,风管与防护套管之间应采用不燃且对人体无害的柔性材料封堵。

（3）风管安装应符合下列规定：

① 按设计要求确定风管的规格尺寸及安装位置。

② 风管及部件连接接口距墙面、楼板的距离不应影响操作，连接阀部件的接口严禁安装在墙内或楼板内。

③ 风管采用法兰连接时，其螺母应在同一侧；法兰垫片不应凸入风管内壁，也不应凸出法兰外。

④ 风管与风道连接时，应采取风道预埋法兰或安装连接件的形式接口，结合缝应填耐火密封填料，风道接口应牢固。

⑤ 风管内严禁穿越和敷设各种管线。

⑥ 固定室外立管的拉索，严禁与避雷针或避雷网相连。

⑦ 输送含有易燃、易爆气体或安装在易燃、易爆环境的风管系统应有良好的接地措施，通过生活区或其他辅助生产房间时，不应设置接口，并应具有严密不漏风措施。

⑧ 输送产生凝结水或含蒸汽的潮湿空气风管，其底部不应设置拼接缝，并应在风管最低处设排液装置。

⑨ 风管测定孔应设置在不产生涡流区且便于测量和观察的部位；吊顶内的风管测定孔部位，应留有活动吊顶板或检查口。

### 6.7.4　支、吊架安装

（1）支、吊架的固定方式及配件的使用应满足设计要求，并应符合下列规定：

① 支、吊架应满足其承重要求。

② 支、吊架应固定在可靠的建筑结构上，不应影响结构安全。

③ 严禁将支、吊架焊接在承重结构及屋架的钢筋上。

④ 埋设支架的水泥砂浆应在达到强度后，再搁置管道。

（2）支、吊架的预埋件位置应正确、牢固可靠，埋入结构部分应除锈、除油污，并不应涂漆，外露部分应做防腐处理。

（3）空调风管和冷热水管的支、吊架选用的绝热衬垫应满足设计要求，并应符合下列规定：

① 绝热衬垫厚度不应小于管道绝热层厚度，宽度应大于支、吊架支承面宽度，衬垫应完整，与绝热材料之间应密实、无空隙。

② 绝热衬垫应满足其承压能力，安装后不变形。

③ 采用木质材料作为绝热衬垫时,应进行防腐处理。

④ 绝热衬垫应形状规则,表面平整,无缺损。

(4) 支、吊架安装前应具备下列施工条件:

① 支、吊架安装前,应对照施工图核对现场。支、吊架安装施工方案已批准,专项技术交底已完成。

② 固定材料、垫料、焊接材料、减振装置和成品支、吊架以及制作完成的支、吊架等满足施工要求。

③ 支、吊架安装现场环境满足作业条件要求。

④ 支、吊架安装的机具已准备齐备,满足安装要求。

(5) 风管系统支、吊架的安装应符合下列规定:

① 风机、空调机组、风机盘管等设备的支、吊架应按设计要求设置隔振器,其品种、规格应符合设计及产品技术文件要求。

② 支、吊架不应设置在风口、检查口处以及阀门、自控机构的操作部位,且距风口不应小于 200 mm。

③ 圆形风管 U 形管卡圆弧应均匀,且应与风管外径相一致。

④ 支、吊架距风管末端不应大于 1 000 mm,距水平弯头的起弯点间距不应大于 500 mm,设在支管上的支、吊架距干管不应大于 1 200 mm。

⑤ 吊杆与吊架根部连接应牢固。吊杆采用螺纹连接时,拧入连接螺母的螺纹长度应大于吊杆直径,并应有防松动措施。吊杆应平直,螺纹应完整、光洁。安装后,吊架的受力应均匀,无变形。

⑥ 边长(直径)大于或等于 630 mm 的防火阀宜设独立的支、吊架;水平安装的边长(直径)大于 200 mm 的风阀等部件与非金属风管连接时,应单独设置支、吊架。

⑦ 水平安装的复合风管与支、吊架接触面的两端,应设置厚度大于或等于 1.0 mm、宽度宜为 60~80 mm、长度宜为 100~120 mm 的镀锌角形垫片。

⑧ 垂直安装的非金属与复合风管,可采用角钢或槽钢加工成"井"字形抱箍作为支架。安装支架时,风管内壁应衬镀锌金属内套,并应采用镀锌螺栓穿过管壁将抱箍与内套固定。螺孔间距不应大于 120 mm。螺母应位于风管外侧。螺栓穿过的管壁处应进行密封处理。

⑨ 消声弯头或边长(直径)大于 1 250 mm 的弯头、三通等应设置独立的支、吊架。

⑩ 长度超过 20 m 的水平悬吊风管,应设置至少 1 个防晃支架。

⑪ 不锈钢板和铝板风管与碳素钢支、吊架的接触处,应采取防电化学腐蚀措施。

(6) 水管系统支、吊架的安装应符合下列规定:

① 设有补偿器的管道应设置固定支架和导向支架,其形式和位置应符合设计要求。

② 支、吊架安装应平整、牢固,并与管道接触紧密。支、吊架与管道焊缝的距离应大于 100 mm。

③ 管道与设备连接处,应设独立的支、吊架,并应有减振措施。

④ 水平管道采用单杆吊架时,应在管道起始点、阀门、弯头、三通部位及长度在 15 m 内的直管段上设置防晃支、吊架。

⑤ 无热位移的管道吊架,其吊杆应垂直安装;有热位移的管道吊架,其吊架应向热膨胀或冷收缩的反方向偏移安装,偏移量为 1/2 的膨胀值或收缩值。

⑥ 塑料管道与金属支、吊架之间应有柔性垫料。

⑦ 沟槽连接的管道,水平管道接头和管件两侧应设置支、吊架,支、吊架与接头的间距不宜小于 150 mm 且不宜大于 300 mm。

(7) 制冷剂系统管道支、吊架的安装应符合下列规定:

① 与设备连接的管道应设独立的支、吊架。

② 管径小于或等于 20 mm 的铜管道,在阀门处应设置支、吊架。

③ 不锈钢管和铜管与碳素钢支、吊架接触处应采取防电化学腐蚀措施。

# 6.8  防腐与绝热

### 6.8.1  防腐与绝热施工

(1) 防腐与绝热施工前应具备下列施工条件:

① 防腐与绝热材料符合环保及防火要求,进场检验合格。

② 风管系统严密性试验合格。

③ 空调水系统管道水压试验、制冷剂管道系统气密性试验合格。

空调设备绝热施工时,不应遮盖设备铭牌,必要时应将铭牌移至绝热层的外表面。

(2) 防腐与绝热施工完成后,应按设计要求进行标识,当设计无要求时,应符合下列规定:

① 设备机房、管道层、管道井、吊顶内等部位的主干管道,应在管道的起点、终点、交叉点、转弯处,阀门、穿墙管道两侧以及其他需要标识的部位进行管道标识。直管道上标识间隔宜为 10 m。

② 管道标识应采用文字和箭头。文字应注明介质种类,箭头应指向介质流动方向。文字和箭头尺寸应与管径大小相匹配,文字应在箭头尾部。

③ 空调冷热水管道色标宜用黄色,空调冷却水管道色标宜用蓝色,空调冷凝水管道及空调补水管道的色标宜用淡绿色,蒸汽管道色标宜用红色,空调通风管道色标宜为白色,防排烟管道色标宜为黑色。

### 6.8.2　管道与设备防腐

(1) 管道与设备防腐施工前应具备下列施工条件:

① 选用的防腐涂料应符合设计要求;配制及涂刷方法已明确,施工方案已批准;采用的技术标准和质量控制措施文件齐全。

② 管道与设备面层涂料与底层涂料的品种宜相同;当品种不同时,应确认其亲溶性,合格后再施工。

③ 从事防腐施工的作业人员应经过技术培训,合格后再上岗。

④ 防腐施工的环境温度宜在 5 ℃ 以上,相对湿度宜在 85% 以下。

(2) 防腐施工前应对金属表面进行除锈、清洁处理,可选用人工除锈或喷砂除锈的方法。喷砂除锈宜在具备除灰降尘条件的车间进行。

(3) 管道与设备表面除锈后不应有残留锈斑、焊渣和积尘,除锈等级应符合设计及防腐涂料产品技术文件的要求。

(4) 管道与设备的油污宜采用碱性溶剂清除,清洗后擦净晾干。

(5) 涂刷防腐涂料时,应控制涂刷厚度,保持均匀,不应出现漏涂、起泡等现象,并应符合下列规定:

① 手工涂刷涂料时,应根据涂刷部位选用相应的刷子,宜采用纵、横交叉涂抹的作业方法;快干涂料不宜采用手工涂刷。

② 底层涂料与金属表面结合应紧密,其他层涂料涂刷应精细,不宜过厚;面层涂料为调和漆或磁漆时,涂刷应薄而均匀;每一层漆干燥后再涂下一层。

③ 机械喷涂时,涂料射流应垂直喷漆面。当漆面为平面时,喷嘴与漆面距离宜为 250～350 mm;当漆面为曲面时,喷嘴与漆面的距离宜为 400 mm。喷嘴的移动速度应均匀,速度宜保持在 13～18 m/min。喷漆使用的压缩空气压力宜为 0.3～0.4 MPa。

④ 多道涂层的数量应满足设计要求，不应加厚涂层或减少涂刷次数。

### 6.8.3 空调水系统管道与设备绝热

（1）空调水系统管道与设备绝热施工前应具备下列施工条件：

① 选用的绝热材料与其他辅助材料应符合设计要求，胶黏剂应为环保产品，施工方法已明确。

② 管道系统水压试验合格；钢制管道防腐施工已完成。

（2）空调水系统管道与设备绝热施工前应进行表面清洁处理，防腐层损坏的应补涂完整。

（3）涂刷胶黏结剂和黏结固定保温钉应符合下列规定：

① 应控制胶黏剂的涂刷厚度，涂刷应均匀，不宜多遍涂刷。

② 保温钉的长度应满足压紧绝热层固定压片的要求，保温钉与管道和设备的黏结应牢固可靠，其数量应满足绝热层的固定要求。在设备上黏结固定保温钉时，底面每平方米不应少于 16 个，侧面每平方米不应少于 10 个，顶面每平方米不应少于 8 个；首行保温钉距绝热材料边沿应小于 120 mm。

（4）空调水系统管道与设备绝热层施工应符合下列规定：

① 绝热材料黏结时，宜一次完成固定，并应按胶黏剂的种类，保持相应的稳定时间。

② 绝热材料厚度大于 80 mm 时，应采用分层施工，同层的拼缝应错开，且层间的拼缝应相压，搭接间距不应小于 130 mm。

③ 绝热管壳的粘贴应牢固，铺设应平整；每节硬质或半硬质的绝热管壳应用防腐金属丝捆扎或专用胶带粘贴不少于 2 道，其间距宜为 300～350 mm，捆扎或粘贴应紧密，无滑动、松弛与断裂现象。

④ 硬质或半硬质绝热管壳用于热水管道时拼接缝隙不应大于 5 mm，用于冷水管道时不应大于 2 mm，并用黏结材料勾缝填满；纵缝应错开，外层的水平接缝应设在侧下方。

⑤ 松散或软质保温材料应按规定的密度压缩其体积，疏密应均匀；毡类材料在管道上包扎时，搭接处不应有空隙。

⑥ 管道阀门、过滤器及法兰部位的绝热结构应能单独拆卸，且不应影响其操作功能。

⑦ 补偿器绝热施工时，应分层施工，内层应紧贴补偿器，外层需沿补偿方向预留相应的补偿距离。

⑧ 空调冷热水管道穿楼板或穿墙处的绝热层应连续不间断。

（5）防潮层与绝热层应结合紧密，封闭良好，不应有虚粘、气泡、皱褶、裂缝等缺陷，并应符合下列规定：

① 防潮层（包括绝热层的端部）应完整，且封闭良好。水平管道防潮层施工时，纵向搭接缝应位于管道的侧下方并顺水；立管的防潮层施工时，应自下而上施工，环向搭接缝应朝下。

② 采用卷材防潮材料螺旋形缠绕施工时，卷材的搭接宽度宜为 30～50 mm。

③ 采用玻璃钢防潮层时，应与绝热层结合紧密，封闭良好，不应有虚粘、气泡、皱褶、裂缝等缺陷。

④ 带有防潮层、隔汽层绝热材料的拼缝处，应用胶带密封，胶带的宽度不应小于 50 mm。

（6）保护层施工应符合下列规定：

① 采用玻璃纤维布缠裹时，端头应采用卡子卡牢或用胶黏剂粘牢。立管应自下而上缠裹，水平管道应从最低点向最高点进行缠裹。玻璃纤维布缠裹应严密，搭接宽度应均匀，搭接宽度宜为 1/2 布宽或 30～50 mm，表面应平整，无松脱、翻边、皱褶或鼓包。

② 采用玻璃纤维布外刷涂料作防水与密封保护时，施工前应清除表面的尘土、油污，涂层应将玻璃纤维布的网孔堵密。

③ 采用金属材料作保护壳时，保护壳应平整并紧贴防潮层，不应有脱壳、皱褶、强行接口现象，保护壳端头应封闭；采用平搭接时，搭接宽度宜为 30～40 mm；采用凸筋加强搭接时，搭接宽度宜为 20～25 mm；采用自攻螺钉固定时，螺钉间距应匀称，不应刺破防潮层。

④ 立管的金属保护壳应自下而上进行施工，环向搭接缝应朝下；水平管道的金属保护壳应从管道低处向高处进行施工，环向搭接缝口应朝向低端，纵向搭接缝应位于管道的侧下方并顺水。

### 6.8.4 空调风管系统与设备绝热

（1）空调风管系统与设备绝热施工前应具备下列施工条件：

① 选用的绝热材料与其他辅助材料应符合设计要求，胶黏剂应为环保产品，施工方法已明确。

② 风管系统严密性试验合格。

（2）镀锌钢板风管绝热施工前应进行表面去油、清洁处理；冷轧板金属风管绝热施工前应进行表面除锈、清洁处理，并涂防腐层。

（3）风管绝热层采用保温钉固定时，应符合下列规定：

① 保温钉与风管、部件及设备表面的连接宜采用黏结，结合应牢固，不应脱落。

② 固定保温钉的胶黏剂宜为不燃材料，其黏结力应大于 25 N/cm²。

③ 矩形风管与设备的保温钉分布应均匀，保温钉的长度和数量可按《通风与空调工程施工规范》(GB 50738—2011)的规定执行。

④ 保温钉黏结后应保证相应的固化时间，宜为 12～24 h，然后再铺覆绝热材料。

⑤ 风管的圆弧转角段或几何形状急剧变化的部位，保温钉的布置应适当加密。

（4）风管绝热材料应按长边加 2 个绝热层厚度，短边为净尺寸的方法下料。绝热材料应尽量减少拼接缝，风管的底面不应有纵向拼缝，小块绝热材料可铺覆在风管上平面。

（5）绝热层施工应满足设计要求，并应符合下列规定：

① 绝热层与风管、部件及设备应紧密贴合，无裂缝、空隙等缺陷，且纵、横向的接缝应错开。绝热层材料厚度大于 80 mm 时，应采用分层施工，同层的拼缝应错开，层间的拼缝应相压，搭接间距不应小于 130 mm。

② 阀门、三通、弯头等部位的绝热层宜采用绝热板材切割预组合后，再进行施工。

③ 风管部件的绝热不应影响其操作功能。调节阀绝热要留出调节转轴或调节手柄的位置，并标明启闭位置，保证操作灵活方便。风管系统上经常拆卸的法兰、阀门、过滤器及检测点等应采用能单独拆卸的绝热结构，其绝热层的厚度不应小于风管绝热层的厚度，与固定绝热层结构之间的连接应严密。

④ 带有防潮层的绝热材料接缝处，宜用宽度不小于 50 mm 的黏胶带粘贴，不应有胀裂、皱褶和脱落现象。

⑤ 软接风管宜采用软性的绝热材料，绝热层应留有变形伸缩的余量。

⑥ 空调风管穿楼板和穿墙处套管内的绝热层应连续不间断，且空隙处应用不燃材料进行密封封堵。

（6）绝热材料黏结固定应符合下列规定：

① 胶黏剂应与绝热材料相匹配，并应符合其使用温度的要求。

② 涂刷胶黏剂前应清洁风管与设备表面,采用横、竖两方向的涂刷方法将胶黏剂均匀地涂在风管、部件、设备和绝热材料的表面上。

③ 涂刷完毕,应根据气温条件按产品技术文件的要求静放一定时间后,再进行绝热材料的黏结。

④ 黏结宜一次到位,并加压,黏结应牢固,不应有气泡。

(7) 绝热材料使用保温钉固定后,表面应平整。

## 6.9　系统调试

### 6.9.1　调试原则

通风与空调系统安装完毕投入使用前,必须进行系统的试运行与调试,包括设备单机试运转与调试、系统无生产负荷下的联合运行与调试。

调试内容有单机试运转及调试和联合试运转及调试。调试工作由项目经理负责,必要时可通知主机设备生产厂家到现场协助。

测试前需对有关的测试装置(仪器或仪表)加以检查并进行校核,对空调系统测量的参数有风速(风量),温、湿度,水流量,空调设备的转速,电流及其噪声值。相应的测试装置有风速(风量)测量装置、温湿度测量装置、水流量测量装置、转速表、电流计(功率计)、噪声测量装置等。

### 6.9.2　调试的条件

试运行与调试前应具备下列条件:

(1) 通风与空调系统安装完毕,经检查合格;施工现场清理干净,机房门窗齐全,可以进行封闭。

(2) 试运转所需的水、电等满足调试要求。

(3) 测试仪器和仪表齐备,检定合格,并在有效期内;测试仪器和仪表的量程范围、精度应能满足测试要求。

(4) 调试方案已批准。调试人员已经过培训,掌握调试方法,熟悉调试内容。

通风与空调系统试运行与调试应由施工单位负责,监理单位监督,供应商、设计单位、建设单位等参与配合。试运行与调试也可委托给具有调试能力的其他单位实施。试运行与调试应做好记录,并应提供完整的调试资料和报告。

通风与空调系统无生产负荷下的联合试运行与调试应在设备单机试运转与调试合格后进行。通风系统的连续试运行不应少于 2 h,空调系统带冷(热)源的连续试运行不应少于 8 h。联合试运行与调试不在制冷期或采暖期时,仅做不带冷(热)源的试运行与调试,并应在第一个制冷期或采暖期内补做。

通风与空调系统试运行与调试的成品保护措施应包括下列内容:

(1)通风空调机房、制冷机房的门应上锁,非工作人员不应入内。

(2)系统风量测试调整时,不应损坏风管绝热层。调试完成后,应将测点截面处的绝热层修复好,测孔应封堵严密。

(3)系统调试时,不应踩踏、攀爬管道和设备等,不应破坏管道和设备的外保护(绝热)层。

(4)系统调试完毕后,应在各调节阀的阀门开度指示处做好标记。

(5)监测与控制系统的仪表元件、控制盘箱等应采取特殊保护措施。

### 6.9.3　设备单机试运转与调试

正式试运转前,应检查并落实各项安全措施。热泵空调系统的单机有风机盘管机组、地源/水源热泵机组、循环水泵、定压装置等,检查内容如下:

(1)风机盘管机组盘动风叶轮,无卡阻和碰擦现象(可在开箱检查中执行)。叶轮旋转方向正确、运转平稳、无异常振动与声响。试验时间不少于 2 h。

(2)电动机电流和功率不应超过额定值。风量达到额定值,三速开关、温度控制开关动作自如。

(3)循环水泵盘动叶轮,无卡阻和碰擦现象(可在开箱检查中执行)。叶轮旋转方向正确、运转平稳、无异常振动与声响。试验时间不少于 2 h。

(4)电动机电流和功率不应超过额定值。壳体密封处不渗漏。紧固连接部位不应松动,轴封温升正常($\leqslant 70$ ℃),泄漏量符合要求。

(5)热泵机组熟悉机组的控制操作程序说明,计算机控制面板(或液晶显示面板)按钮动作无误、显示清晰。主机已在流量控制阀的控制下,机组进出水温度、压力显示正常。开机后设备运转平稳、噪声符合样本规定。测试的电流功率不应超过额定值。试验时间不少于 2 h。

各类单机试运转与调试具体要求如表 6-5～表 6-9 所示。

水泵试运转与调试可按表 6-5 的要求进行。

表 6-5　水泵试运转与调试要求

| 项目 | 方法和要求 |
|---|---|
| 试运转前检查 | 1. 各固定连接部位应无松动。<br>2. 各润滑部位加注润滑剂的种类和剂量应符合产品技术文件的要求;有预润滑要求的部位应按规定进行预润滑。<br>3. 各指示仪表、安全保护装置及电控装置均应灵敏、准确、可靠。<br>4. 检查水泵及管道系统上阀门的启闭状态。使系统形成回路;阀门应启闭灵活。<br>5. 检测水泵电机对地绝缘电阻应大于 0.5 MΩ。<br>6. 确认系统已注满循环介质 |
| 试运转与调试 | 1. 启动时先"点动",观察水泵电机旋转方向应正确。<br>2. 启动水泵后,检查水泵紧固连接件有无松动,水泵运行有无异常振动和声响;电动机的电流和功率不应超过额定值。<br>3. 各密封处不应泄漏。在无特殊要求的情况下,机械密封的泄漏量不应大于10 mL/h;填料密封的泄漏量不应大于 60 mL/h。<br>4. 水泵应连续运转 2 h 后,测定滑动轴承外壳最高温度不超过 70 ℃,滚动轴承外壳温度不超过 75 ℃。<br>5. 试运转结束后,应检查所有紧固连接部位,不应有松动 |

风机试运转与调试可按表 6-6 的要求进行。

表 6-6　风机试运转与调试要求

| 项目 | 方法和要求 |
|---|---|
| 试运转前检查 | 1. 检测风机电机绕组对地绝缘电阻应大于 0.5 MΩ。<br>2. 风机及管道内应清理干净。<br>3. 风机进、出口处柔性短管连接应严密,无扭曲。<br>4. 检查管道系统上阀门,按设计要求确定其状态。<br>5. 盘车无卡阻,并关闭所有人孔门 |
| 试运转与调试 | 1. 启动时先"点动",检查电动机转向正确;各部位应无异常现象,当有异常现象时,应立即停机检查,查明原因并消除。<br>2. 用电流表测量电动机的启动电流,待风机正常运转后,再测量电动机的运转电流,运转电流值应小于电机额定电流值。<br>3. 额定转速下的试运转应无异常振动与声响,连续试运转时间不应少于 2 h。<br>4. 风机应在额定转速下连续运转 2 h 后,测定滑动轴承外壳最高温度不超过 70 ℃,滚动轴承外壳温度不超过 75 ℃ |

空气处理机组试运转与调试可按表 6-7 的要求进行。

**表 6-7　空气处理机组试运转与调试要求**

| 项目 | 方法和要求 |
|---|---|
| 试运转前检查 | 1. 各固定连接部位应无松动。<br>2. 轴承处有足够的润滑油,加注润滑油的种类和剂量应符合产品技术文件的要求。<br>3. 机组内及管道内应清理干净。<br>4. 用手盘动风机叶轮,观察有无卡阻及碰擦现象;再次盘动,检查叶轮动平衡,叶轮两次应停留在不同位置。<br>5. 机组进、出风口处的柔性短管连接应严密,无扭曲。<br>6. 风管调节阀门启闭灵活,定位装置可靠。<br>7. 检测电机绕组对地绝缘电阻应大于 0.5 MΩ。<br>8. 风阀、风口应全部开启;三通调节阀应调到中间位置;风管内的防火阀应放在开启位置;新风口、一次回风口前的调节阀应开启到最大位置 |
| 试运转 | 1. 启动时先"点动",检查叶轮与机壳有无摩擦和异常声响,风机的旋转方向应与机壳上箭头所示方向一致。<br>2. 用电流表测量电动机的启动电流,待风机正常运转后,再测量电动机的运转电流。运转电流值应小于电机额定电流值。<br>3. 额定转速下的试运转应无异常振动与声响,连续试运转时间不应少于 2 h |

风机盘管机组试运转与调试可按表 6-8 的要求进行。

**表 6-8　风机盘管机组试运转与调试要求**

| 项目 | 方法和要求 |
|---|---|
| 试运转前检查 | 1. 电机绕组对地绝缘电阻应大于 0.5 MΩ。<br>2. 温控(三速)开关、电动阀、风机盘管线路连接正确 |
| 试运转与调试 | 1. 启动时先"点动",检查叶轮与机壳有无摩擦和异常声响。<br>2. 将绑有绸布条等轻软物的测杆紧贴风机盘管的出风口,调节温控器高、中、低挡转速送风,目测绸布条迎风飘动角度,检查转速控制是否正常。<br>3. 调节温控器,检查电动阀动作是否正常,温控器内感温装置是否按温度要求正常动作 |

电动调节阀、电动防火阀、防排烟风阀(口)试运转与调试可按表 6-9 的要求进行。

表 6-9　电动调节阀、电动防火阀、防排烟风阀(口)试运转与调试要求

| 项目 | 方法和要求 |
| --- | --- |
| 试运转前检查 | 1. 执行机构和控制装置应固定牢固。<br>2. 供电电压、控制信号和阀门接线方式符合系统功能要求,并应符合产品技术文件的规定 |
| 试运转与调试 | 1. 手动操作执行机构,无松动或卡涩现象。<br>2. 接通电源,查看信号反馈是否正常。<br>3. 终端设置指令信号,查看并记录执行机构动作情况。执行机构动作应灵活、可靠,信号输出、输入正确 |

### 6.9.4　系统联合试运行与调试

单机调试结束后,进行空调系统整体联合运转、调试和验收。调试方案需报送现场监理审核、批准。联合调试前的基础工作如下:

(1) 水系统的流量分配达到设计要求,循环水泵应先行运转。

(2) 风系统的流量分配达到设计要求,并投入运转。

(3) 地源/水源热泵机组按调试所在季节进行运转。运行稳定后应连续运行不少于 24 h,并填写运行记录,内容包括室内及室外空气的干、湿球温度,水系统的水循环量,起始的进水及出水温度、水压,联合运转后系统中各相应测点的水温变化、压力变化、空调房间的室内温湿度变化,设备用电负荷。

(4) 岩土源热泵空调系统调试应分冬、夏两季进行,且调试结果应达到设计要求。调试完成后应编写调试报告及运行操作规程、提交甲方确认后存档。

系统无生产负荷下的联合试运行与调试前的检查可按表 6-10 进行。

表 6-10　系统调试前的检查内容

| 类型 | 检查内容 |
| --- | --- |
| 监测与控制系统 | 1. 监控设备的性能应符合产品技术文件要求。<br>2. 电气保护装置应整定正确。<br>3. 控制系统应进行模拟动作试验 |

表 6-10（续）

| 类型 | 检查内容 |
|---|---|
| 风管系统 | 1. 通风与空调设备和管道内清理干净。<br>2. 风量调节阀、防火阀及排烟阀的动作正常。<br>3. 送风口和回风口（或排风口）内的风阀、叶片的开度和角度正常。<br>4. 风管严密性试验合格。<br>5. 空调设备及其他附属部件处于正常使用状态 |
| 空调水系统 | 1. 管道水压试验、冲洗合格。<br>2. 管道上阀门的安装方向和位置均正确，阀门启闭灵活。<br>3. 冷凝水系统已完成通水试验，排水通畅 |
| 供能系统 | 提供通风与空调系统运行所需的电源、燃油、燃气等供能系统及辅助系统已调试完毕，其容量及安全性能等满足调试使用要求 |

系统无生产负荷下的联合试运行与调试应包括下列内容：

（1）监测与控制系统的检验、调整与联动运行。

（2）系统风量的测定和调整。

（3）空调水系统的测定和调整。

（4）室内空气参数的测定和调整。

监测与控制系统的检验、调整与联动运行可按表 6-11 的要求进行。

表 6-11　监测与控制系统的检验、调整与联动运行要求

| 步骤 | 内容 |
|---|---|
| 控制线路检查 | 1. 核实各传感器、控制器和调节执行机构的型号、规格和安装部位是否与施工图相符。<br>2. 仔细检查各传感器、控制器、执行机构接线端子上的接线是否正确 |
| 调节器及检测仪表单体性能校验 | 1. 检查所有传感器的型号、精度、量程与所配仪表是否相符，并应进行刻度误差校验和动特性校验，均应达到产品技术文件要求。<br>2. 控制器应做模拟试验，模拟试验时宜断开执行机构，调节特性的校验及动作试验与调整，均应达到产品技术文件要求。<br>3. 调节阀和其他执行机构应做调节性能模拟试验，测定全行程距离与全行程时间，调整限位开关位置，标出满行程的分度值，均应达到产品技术文件要求 |

表 6-11(续)

| 步骤 | 内容 |
|---|---|
| 监测与控制系统联动调试 | 1. 调试人员应熟悉各个自控环节(如温度控制、相对湿度控制、静压控制等)的自控方案和控制特点,全面了解设计意图及其具体内容,掌握调节方法。<br>2. 正式调试之前应进行综合检查。检查控制器及传感器的精度、灵敏度和量程的校验和模拟试验记录;检查反/正作用方式的设定是否正确;全面检查系统在单体性能校验中拆去的仪表,断开的线路应恢复;线路应无短路、断路及漏电等现象。<br>3. 正式投入运行前应仔细检查联锁保护系统的功能,确保在任何情况下均能对空调系统起到安全保护的作用。<br>4. 自控系统联动运行应按以下步骤进行:<br>① 将控制器手动-自动开关置于手动位置上,仪表供电,被测信号接到输入端开始工作。<br>② 手动操作,以手动旋钮检查执行机构与调节机构的工作状况,应符合设计要求。<br>③ 断开执行器中执行机构与调节机构的联系,使系统处于开环状态,将开关无扰动地切换到自动位置上,改变给定值或加入一些扰动信号,执行机构应相应动作。<br>④ 手动施加信号,检查自控联锁信号和自动报警系统的动作情况。顺序联锁保护应可靠。人为逆向不能启动系统设备;模拟信号超过设定上下限时自动报警系统发出报警信号,模拟信号回到正常范围时应解除报警。<br>⑤ 系统各环节工作正常,应恢复执行机构和调节机构的联系 |

　　系统风量的测定和调整包括通风机性能的测定、送(回)风口风量的测定、系统风量的测定和调整,可按表 6-12、表 6-13、表 6-14 的要求进行。

表 6-12　通风机性能的测定

| 项目 | 检测方法 |
|---|---|
| 风压和风量的测定 | 1. 通风机风量和风压的测量截面位置应选择在靠近通风机出口而气流均匀的直管段上,按气流方向,宜在局部阻力之后大于或等于 4 倍矩形风管长边尺寸(圆形风管直径),及在局部阻力之前大于或等于 1.5 倍矩形风管长边尺寸(圆形风管直径)的直管段上。当测量截面的气流不均匀时,应增加测量截面上测点数量。<br>2. 测定风机的全压时,应分别测出风口端和吸风口端测定截面的全压平均值。<br>3. 通风机的风量为风机吸入口端风量和出风口端风量的平均值,且风机前后的风量之差不应大于 5%,否则应重测或更换测量截面 |

表 6-12(续)

| 项目 | 检测方法 |
|---|---|
| 转速的测定 | 1. 通风机的转速测定宜采用转速表直接测量风机主轴转速,重复测量三次,计算平均值。<br>2. 现场无法用转速表直接测风机转速时,宜根据实测电动机转速换算出风机的转速:$n_1 = n_2 \cdot D_2/D_1$。式中,$n_1$ 为通风机的转速,r/min;$n_2$ 为电动机的转速,r/min;$D_1$ 为风机皮带轮直径,mm;$D_2$ 为电动机皮带直径,mm |
| 输入功率的测定 | 1. 宜采用功率表测量电机输入功率。<br>2. 采用电流表、电压表测量时,应按 $P = \sqrt{3} \cdot V \cdot I \cdot \eta/1\,000$ 计算电机输入功率。式中,$P$ 为电机输入功率,kW;$V$ 为实测线电压,V;$I$ 为实测线电流,A;$\eta$ 为电机功率因素,取 $0.80 \sim 0.85$。<br>3. 输入功率应小于电机额定功率,当输入功率超过电机额定功率时应分析原因,并调整风机运行工况到达设计点 |

表 6-13　送(回)风口风量的测定

| 项目 | 检测方法 |
|---|---|
| 送(回)风口风量的测定 | 1. 百叶风口宜采用风量罩测试风口风量。<br>2. 可采用辅助风管法求取风口断面的平均风速,再乘以风口净面积得到风口风量值;辅助风管的内截面积应与风口相同,长度等于风口长边的 2 倍。<br>3. 采用叶轮风速仪贴近风口测定风量时,应采用匀速移动测量法或定点测量法。匀速移动法不应少于 3 次,定点测量法的测点不应少于 5 个 |

表 6-14　系统风量的测定和调整

| 项目 | 检测步骤与方法 |
|---|---|
| 系统风量的测定 | 1. 按设计要求调整送风和回风各干、支管道及各送(回)风口的风量。<br>2. 在风量达到平衡后,进一步调整通风机的风量,使其满足系统的要求。<br>3. 调整后各部分调节阀不变动,重新测定各处的风量。应使用红油漆在所有风阀的把柄处做标记,并将风阀位置固定 |
| 绘制风管系统草图 | 根据系统的实际安装情况,绘制出系统单线草图供测试时使用。草图上,应标明风管尺寸、测定截面位置、风阀的位置、送(回)风口的位置以及各种设备规格、型号等。在测定截面处,应注明截面的设计风量、面积 |
| 测量截面的选择 | 风管的风量宜用热球式风速仪测量。测量截面的位置应选择在气流均匀处,按气流方向,应选择在局部阻力之后大于或等于 5 倍矩形风管长边尺寸(圆形风管直径)及在局部阻力之前大于或等于 2 倍矩形风管长边尺寸(圆形风管直径)的直管段上,当测量截面上的气流不均匀时,应增加测量截面上的测点数量 |

表 6-14(续)

| 项目 | 检测步骤与方法 |
|---|---|
| 测量截面内测点的位置与数目选择 | 应按《通风与空调工程施工质量验收规范》(GB 50243—2016)、《洁净室施工及验收规范》(GB 50591—2010)、《公共建筑节能检测标准》(JGJ/T 177—2009)执行 |
| 风管内风量的计算 | 通过风管测试截面的风量可按 $Q = 3\,600 \cdot F \cdot v$ 确定。式中,$Q$ 为风管风量,$\mathrm{m^3/h}$;$F$ 为风管测试截面的面积,$\mathrm{m^2}$;$v$ 为测试截面内平均风速,$\mathrm{m/s}$ |

### 6.9.5　空调水系统调试

空调水系统流量的测定与调整应符合下列规定:

(1) 主干管上设有流量计的水系统,可直接读取冷热水的总流量。

(2) 采用便携式超声波流量计测定空调冷热水及冷却水的总流量以及各空调机组的水流量时,应按仪器要求选择前后远离阀门或弯头的直管段。当各空调机组水流量与设计流量的偏差大于 20% 时,或冷热水及冷却水系统总流量与设计流量的偏差大于 10% 时,需进行平衡调整。

(3) 采用便携式超声波流量计测试空调水系统流量时,应先去掉管道测试位置的油漆,并用砂纸去除管道表面铁锈,然后将被测管道参数输入超声波流量计中,并按测试要求安装传感器;输入管道参数后,得出传感器的安装距离,并对传感器安装位置做调校;检查流量计状态,信号强度、信号质量、信号传输时间比等反映信号质量参数的数值应在流量计产品技术文件规定的正常范围内,否则应对测试工序进行重新检查;在流量计状态正常后,读取流量值。

# 参考文献

[1] 中华人民共和国住房和城乡建设部.民用建筑供暖通风与空气调节设计规范:GB 50736—2012[S].北京:中国建筑工业出版社,2012.

[2] 中华人民共和国住房和城乡建设部.通风与空调工程施工质量验收规范:GB 50243—2016[S].北京:中国计划出版社,2017.

# 第 7 章　测评与竣工验收

## 7.1　测评内容

### 7.1.1　测试内容

地源热泵系统的检测一般包括室内应用效果的检测、热泵机组性能的检测、输送系统性能的检测、地源热泵系统综合能效检测、地源侧特性的检测。

### 7.1.2　评价内容

依据检测结果,对地源热泵系统的综合能效进行评价,评价内容一般包括室内应用效果的评价、热泵机组能效的评价、地源热泵系统综合能效的评价、系统节能性的评价、系统经济性的评价、系统环保性的评价。

## 7.2　测评方法

### 7.2.1　测试方法

地源热泵系统综合能效的现场测试应在比较典型的供暖/冷日进行,测试周期一般为 5～7 d。

#### 7.2.1.1　室内应用效果的检测方法

保持建筑物内合适的热湿环境是空调系统的基本功能,因此首先要对空调系统的室内应用效果进行检测。室内应用效果的检测应在典型的供暖日(供冷日)进行,且建筑物达到热稳定后,测试期间的室外温湿度应与室内温湿度的检测同时进行。

#### 7.2.1.2　热泵机组性能的检测方法

热泵机组的性能系数(COP)是指热泵机组制热(冷)量与输入功率的比

值,每台热泵机组在出厂时都有铭牌参数,但在实际运行中,热泵机组受环境等因素影响,其实际制热(冷)水平与额定制热(冷)水平之间存在差异,因此,要对热泵机组实际运行中的性能进行测试,以掌握其实际应用工况中的能效水平。

热泵机组性能测试在供暖日与供冷日的测试方法和测试参数相同,其主要测试参数如下:

(1) 地源侧介质流量,$m^3/h$。

(2) 空调侧介质流量,$m^3/h$。

(3) 地源侧进、出口介质温度,℃。

(4) 空调侧进、出口介质温度,℃。

(5) 机组输入功率,kW。

(6) 机组制热(冷)量,kW。

(7) 机组制热(冷)工况下的性能系数。

### 7.2.1.3 输送系统性能的检测方法

输送系数是反映热泵输送系统性能的主要参数,它是指输送的热(冷)量与输入能量的比值,输送系数越大表示在单位输入功率下输送的热(冷)量越大,输送系统的输送性能就越好。

输送系统主要包括地源侧的各级水泵和空调侧的各级水泵。输送系统的性能检测要在实际运行条件下、实际匹配机组下进行,输送系统的主要测试参数如下:

(1) 水泵流量,$m^3/h$。

(2) 水泵扬程,m。

(3) 水泵功率,kW。

(4) 水泵效率。

(5) 系统输送系数。

### 7.2.1.4 地源热泵系统综合能效的检测方法

地源热泵系统综合能效指整个热源系统输出能量与输入能量的比值,它反映了整个系统中包括所有设备的综合性能,此综合性能不仅仅受系统中每台设备性能的影响,还受各设备之间的匹配、系统的运行模式、控制方式等因素的影响,是全面考察地源热泵系统在实际运行下能效水平的重要指标。地源热泵系统综合能效的测试参数如下:

(1) 系统空调侧流量,$m^3/h$。

（2）系统空调侧介质进、出口温度，℃。

（3）系统地源侧流量，$m^3/h$。

（4）系统地源侧介质进、出口温度，℃。

（5）系统的总热（冷）冷量，kW。

（6）系统的总输入功率，kW。

（7）系统制热（冷）工况下的性能系数。

#### 7.2.1.5　地源侧特性的检测方法

岩土源热泵以岩土体作为夏季制冷的冷却源、冬季制热的低温热源[1]。岩土体作为低位热源其特性直接影响热泵系统的应用效果，因此在应用岩土源热泵技术之前要对低位热源的特性进行勘察。岩土源热泵系统主要勘察的参数包括岩土的热物性、岩土温度随深度和四季的变化情况等。在建设项目应用岩土源热泵技术后，为了考察岩土源热泵技术从地源侧获取与释放热量的实际效用，应在热源端对 U 形管进出水温、岩土温度、地下水位、热源侧换热量等参数开展长期动态监测来衡量热源的稳定性及可持续能力[2]。

### 7.2.2　评价方法

#### 7.2.2.1　室内应用效果的评价

利用室内温度的采集数据计算室内温度保证率，计算方法见式（7-1）：

$$PPS = \frac{N_{ps}}{N_{pt}} \tag{7-1}$$

式中，PPS 为室内温度保证率，%；$N_{pt}$ 为总的测点数量，个；$N_{ps}$ 为满足要求的测点数量，个。

根据室内温度保证率对地源热泵系统在项目中的室内应用效果进行评价。

#### 7.2.2.2　热泵机组能效的评价

按照热泵机组实测的制热（冷）和消耗功率，计算各个时刻地源热泵机组的 EER（COP），具体计算见式（7-2）：

$$EER(COP) = \frac{Q}{P} \tag{7-2}$$

式中，EER 为机组制热工况能效比；COP 为机组制冷工况能效比；Q 为实测制热量或制冷量，kW；P 为机组实际输入功率，kW。

根据计算结果可以得出机组性能随负荷变化的关系曲线，根据变化曲线对热泵机组实际运行性能，包括热泵机组对负荷变化的适应调节能力进行评价。

#### 7.2.2.3　输送系统评价方法

（1）水泵效率。

根据输送设备运行效率的实际计算结果与其额定工况下效率的比较,对输送设备的运行效率进行评价。

（2）系统输送系数。

系统输送系数是指输送系统输送冷量（热量）的效率,是输送冷量与消耗能量的比值,具体计算见式(7-3)：

$$\mathrm{WTF} = \frac{Q_t}{N_t} \tag{7-3}$$

式中,WTF 为水输送系数;$Q_t$ 为水系统输送的冷量或热量,kW;$N_t$ 为水系统消耗的功率,kW。

输送冷热量的计算方法与机组两侧换热量的计算方法相同,输送系统的功率指水泵所消耗的功率。

根据输送系统的输送系数对输送系统运行方式的合理性和输送系统的实际运行性能进行评价。

#### 7.2.2.4 综合能效评价方法

综合能效是评价地源热泵系统的综合性指标,它反映了由制冷（热）设备和输送设备所组成的热泵系统的综合能效。根据测试期间地源热泵系统总的供回水介质的温度、系统流量,用统一的计算方法计算热泵系统在不同时刻的制热量或制冷量,将各时刻系统中各设备功率求和,得出不同时刻系统总的输入功率,进而得出不同时刻系统的性能系数,具体计算见式(7-4)。

$$\mathrm{COP}_s = \frac{Q_s}{N_s} \tag{7-4}$$

式中,$\mathrm{COP}_s$ 为系统性能系数;$Q_s$ 为系统总制冷（热）量,kW;$N_s$ 为系统总的输入功率,kW。

将不同时刻热泵系统的制热量（制冷量）,即系统负荷变化与系统性能系数变化关系生成曲线。根据测试期间系统运行情况及性能对整个地源热泵系统的运行可靠性、稳定性和随负荷变化的自动调节能力进行评价。

#### 7.2.2.5 地源侧换热特性评价方法

根据测试周期内热源温度（取水温度或岩土温度）的测试结果,分析热源温度的变化趋势,分析地源热泵空调系统对热源温度的影响程度,进而分析热源的稳定性和可持续性。对热源的影响可以用单位换热量对热源造成的温升作为量化指标。

#### 7.2.2.6 节能性评价方法

节能性评价一般选取一个供暖季或一个供冷季进行,对于地源热泵系统既供冷又供暖的项目,可以综合起来进行评价[3]。

（1）供暖季节能性评价方法。

① 负荷估算。负荷估算是节能性评价的基础，根据热负荷的构成特点，可以根据测试期间室内外温度测试结果、负荷计算结果以及当地历史气象资料对整个供暖季的热负荷进行估算，目前负荷计算主要局限于设计阶段，而设计负荷往往比实际负荷偏大，而要对项目的全年负荷进行测试又不太现实，因此建议采用实测与计算（度日法）相结合的方法来估算全年热负荷。

② 节能性评价。根据负荷估算结果，结合空调系统运行管理人员提供的运行记录、测试结果和其他相关资料，对测试项目地源热泵系统供暖季能耗进行计算。同样根据负荷估算结果，结合各种供暖方式的一般计算效率，计算采用常规燃煤锅炉供暖所需要的能耗。将两种供暖方式的能耗折算成一次能源进行比较，计算地源热泵系统相对于常规供暖方式的一次能源节能率。具体计算见式（7-5）：

$$SEP = \frac{CE_c - CE_g}{CE_c} \qquad (7-5)$$

式中，SEP 为节能率；$CE_c$ 为常规空调系统一次能源消耗量（t 标准煤）；$CE_g$ 为地源热泵系统一次能源消耗量（t 标准煤）。

（2）供冷季节能性评价方法。

① 负荷估算。根据建筑功能及冷负荷形成的特征，测试期间负荷随室外环境温度变化情况，以及各个时间段负荷分布情况和室内外温湿度测试结果，采用合适的方法估算整个供冷季的冷负荷。

② 节能性评价。根据冷负荷估算结果、实测结果和运行管理人员提供的相关资料，对地源热泵空调系统供冷季能耗进行估算，采用同样的方法对运用常规水冷空调系统所需要的能耗进行估算，将两者消耗能源折算成一次能源进行比较。

对于同时承担冬季热负荷和夏季冷负荷的地源热泵空调系统，可以综合起来对该系统的节能性进行评价。

# 7.3　竣工验收

## 7.3.1　验收流程与要求

岩土源热泵项目的检验和验收主要包括地埋管换热系统的检验与验收以及空调系统（主机与末端）的检验与验收。按照相关规范要求，对项目各项工作验收评分,并编制评价报告。

地埋管换热系统的检验与验收参照 7.1～7.2 节以及《地源热泵系统工程技术规范(2009 年版)》(GB 50366—2005)的相关规定进行。空调系统(主机与末端)的检验与验收参照《通风与空调工程施工质量验收规范》(GB 50243—2016)的相关规定进行。

### 7.3.2　验收评分

从项目竣工验收到交付使用一段时间内应及时对项目做结题评价。从项目前期、项目管理、技术要求、安全管理四个方面对项目的前期阶段、准备阶段和实施阶段的交付成果及工作质量采用打分制进行结题评价。对于得分较低的打分项,应探讨原因,总结经验,为后续运行维护提供支撑材料。

表 7-1 给出了碳酸盐岩地区竖直地埋管岩土源热泵项目的验收指标和评分项目。项目建设单位可根据实际具体情况调整评分项和分值。

表 7-1　验收指标和评分项目表

| 阶段 | 工作内容 | 成果及要求 | 支撑材料 | 得分 |
|---|---|---|---|---|
| 项目前期阶段 | 审批与备案 | 要求的各项手续、批准文件齐全 | 具备发展改革、规划资源、生态环境、住房建设、水务等相关政府职能部门的审批或备案管理文件 | |
| | 场地地质调查与评价 | 场地勘察设计负荷相关规范要求 | 浅层地热能场地勘察设计报告 | |
| | | 完成水、工、环专项勘察 | 浅层地热能场地勘察成果报告 | |
| | | 识别场地内主要岩溶构造分布情况,为地埋管布置和钻井施工提供可靠支撑 | 浅层地热能场地勘察成果报告 | |
| | | 完成热响应测试,且测试点数量达到要求,提供准确的热物性参数 | 浅层地热能场地勘察成果报告 | |
| | | 对场地浅层地热能开发利用做出评价,对项目决策提供可靠支撑 | 浅层地热能场地勘察成果报告 | |
| | 项目决策 | 对工程项目的可行性进行充分论证,提出指标性目标,并做出科学决策 | 决策会议纪要 | |

表 7-1(续)

| 阶段 | 工作内容 | 成果及要求 | 支撑材料 | 得分 |
|---|---|---|---|---|
| 项目准备阶段 | 建筑负荷计算 | 完成建筑负荷计算,并且在计算过程中考虑地区气候差异因素 | 计算底稿及报告 | |
| | 地埋管换热系统设计 | 计算出系统对地下蓄能体的释热量和吸热量 | 计算底稿及报告 | |
| | | 确定地埋管总长及管网布局 | 计算底稿及设计图纸 | |
| | 机房系统设计 | 选择合适的水冷机组 | 选择依据报告或文本、会议纪要 | |
| | | 完成制冷机房设计且符合规范要求 | 设计图纸 | |
| | 末端系统设计 | 完成末端系统设计且符合规范要求 | 设计图纸 | |
| 项目实施阶段 | 质量及安全保证措施 | 建立施工质量管理体系和制度 | 人员岗位职责及质量管理制度 | |
| | | 规章制度与操作规程 | 相关安全管理制度和操作规程 | |
| | | 安全检查与记录 | 实施安全生产检查、危险源风险识别、隐患排查等安全管理相关工作并具有有效记录 | |
| | | 应急管理 | 应急管理制度 | |
| | 地埋管换热系统施工 | 明确场地内已有地下管线、其他地下构筑物,与业主及相关利益方及时沟通 | 施工图纸 | |
| | | 施工人员相关技能和安全培训 | 培训记录 | |
| | | 按要求验收材料 | 材料验收检查记录 | |
| | | 材料存放、保管、搬运符合要求 | 材料存放记录 | |
| | | U 形管水压试验和冲洗 | U 形管水压试验记录 | |
| | | 钻屑收集完整、保证回填材料的完整性和密实性 | 钻屑测量及回填记录 | |
| | | 成孔率达到要求 | 钻孔记录 | |
| | | U 形管下管后冲洗、试压 | 试压记录表(U 形管) | |
| | | 水平压力试验 | 试压记录表(管网) | |
| | | 地埋管系统检验验收 | 地埋管施工验收标准及质量验收表 | |

表 7-1(续)

| 阶段 | 工作内容 | 成果及要求 | 支撑材料 | 得分 |
|------|---------|-----------|---------|------|
| 项目实施阶段 | 机房与末端系统施工 | 照图施工情况 | 竣工图纸、规范图集、设计变更文件 | |
| | | 设备运输与机房设备进场 | 设备运输与进场记录 | |
| | | 设备安装 | 设备安装记录,施工规范 | |
| | | 风管与部件制作成品 | 成品件制作验收记录 | |
| | | 设备管道的防护与保温 | 管道与设备防护保温记录 | |
| | | 系统试验 | 试验记录表,风管、水管、附属设备与系统 | |
| | 调试运行 | 按规范完成冬、夏两季单机和联合试运转及调试 | 调试报告 | |

### 7.3.3　评价报告

　　岩土源热泵系统评价报告应包括封面、扉页、目录、正文以及附件等内容。报告正文应包含单位概况、项目概况、评价依据、评价组织、评价内容、评价结论、问题分析、整改措施等,各部分具体要求如下:

　　(1)单位概况包括但不限于单位名称、组织架构、业务范围、经营情况等。

　　(2)项目概况包括但不限于项目背景、项目设计与建设、项目运行与管理等相关情况。

　　(3)评价依据包括但不限于与评价相关的政策文件、规划计划、标准规范等。

　　(4)评价组织包括但不限于组织方式、评价人员、评价内容、评价方法、评价过程、质量控制等。

　　(5)评价内容包括四个部分。① 项目前期评价,包括但不限于评价内容、评分依据及说明、评价结论等。② 项目管理评价,包括但不限于评价内容、评分依据及说明、评价结论等。③ 技术要求评价,包括但不限于评价内容、相关数据来源、评价指标计算方法、计算结果、评分依据及说明、评价结论等。④ 安全管理评价,包括但不限于评价内容、评分依据及说明、评价结论等。

　　(6)根据总体评价情况,分析岩土源热泵系统存在的问题和不足,并深入分析问题出现的原因,包括但不限于项目前期手续、项目管理、系统性能、安全管理等内容。

　　(7)针对评价存在的问题和不足,有针对性地提出整改措施和实施计划。

岩土源热泵系统评价报告附件包括但不限于以下内容:① 岩土源热泵系统评价打分表;② 评价组织开展的相关过释性资料,包括但不限于文字、图片、音频、视频等;③ 评价指标相关内容的证明资料,包括但不限于文字、图片、音频、视频等;④ 相关数据、设备检测检验报告;⑤ 其他相关资料。

# 参考文献

[1] 刁乃仁,方肇洪.地埋管地源热泵技术[M].北京:高等教育出版社,2006.

[2] 徐伟,孙峙峰,何涛,等.《可再生能源建筑应用示范项目测评导则》解读:检测程序・测评标准・测试方法[J].建设科技,2009(16):40-45.

[3] 中国建筑科学研究院.公共建筑节能设计标准:GB 50189—2015[S].北京:中国建筑工业出版社,2015.

# 第8章 区域浅层地热资源勘察

地热资源评价的目的任务是在查明地热地质背景的前提下,确定地热流体的温度、物理性质与化学组分,并对其利用方向做出评价,查明地热流体动力场特征、补径排条件和地温场特征,估算评价地热资源储量,提出地热资源可持续开发利用的建议,以减少开发风险,取得最优的地热资源开发利用社会经济效益和环境效益,并最大限度地保持资源的可持续利用。

就区域浅层地热资源评价而言,其主要工作包括钻探,抽水试验,注水试验,埋设动态水位、地温监测孔,地下水流速与流向测量,计算换热功率、浅层地热容量,浅层地热能开发利用评价等。

## 8.1 钻探

钻探是指用一定的设备、工具(即钻机)来破碎地壳岩石或土层,从而在地壳中形成一个直径较小、深度较大的钻孔(直径相对较大者又称为钻井),可取岩芯或不取岩芯来了解地层深部地质情况的过程。

钻探是岩土工程勘察中应用最为广泛的一种可靠的勘探方法,与坑探、物探相比较,钻探有其突出的优点:钻探可以在各种环境下进行,一般不受地形、地质条件的限制;能直接观察岩芯和取样,勘探精度较高;能进行原位测试和监测工作,能最大限度地发挥综合效益;勘探深度大,效率较高。因此,不同类型、结构和规模的建筑物,在不同的勘察阶段、不同环境和工程地质条件下,凡是布置勘探工作的地段,一般均需采用此类勘探手段。但钻探的缺点是耗费人力物力较多、平面资料连续性较差,有时钻进和取样技术难度较大。

### 8.1.1 钻探的目的和作用

钻探既可用于区域浅层地热资源勘察,也可用于项目场地勘察,其目的和作用随着勘察阶段的不同而不同,综合起来有如下几个方面:

（1）查明地层岩性、岩层厚度的变化情况，查明软弱岩土层的性质、厚度、层数、产状和空间分布。

（2）了解基岩风化带的深度、厚度和分布情况。

（3）探明地层断裂带的位置、宽度和性质，查明裂隙发育程度及其随深度变化的情况。

（4）查明地下含水层的层数、深度及其水文地质参数。

（5）利用钻孔进行灌浆、压水试验及土力学参数的原位测试。

（6）利用钻孔进行地下水位的长期观测或对场地进行降水以保证场地岩（土）的相关结构的稳定性（如基坑开挖时降水或处理滑坡等地质问题）。

钻探全过程包含钻探工程设计、机械设备选择、机台建设、冲洗液储存设备及冲洗液选择、钻探施工期间要求、"三废"处理、机台垃圾回收、机台生态恢复、勘查管理与验收（表 8-1）。

表 8-1　钻探施工项目要求及目的

| 序号 | 项目 | 勘查方式或要求 | 目的 |
|---|---|---|---|
| 1 | 钻探工程设计 | 一孔多用 | 减少机台修建面积，降低生态破坏面积 |
| 2 | 机械设备选择 | 轻便、易拆卸 | 占地面积小、易搬运 |
| 3 | 机台建设 | 机台修建面积控制在 4 m×4 m 内；铺设土工布，搭建防滑网 | 降低对生态植被的破坏面积；防止泥浆、油污等污染岩土 |
| 4 | 冲洗液储存设备 | 选用移动式冲洗液储存装置（如铁容器） | 降低洗液对生态环境的破坏及影响 |
| 5 | 冲洗液选择 | 选择生物聚合物环保洗液材料 | 减少无机化学材料及有机高分子材料的用量 |
| 6 | 施工期间要求 | 提芯、维修机器时，要停止钻机、发电机等设备的运转；机器排气管需放置净化设备 | 减小尾气排放量，减少大气污染源 |
| 7 | "三废"及垃圾处理 | 运送至指定的地点进行处理 | 可进行分类处理 |
| 8 | 机台生态恢复 | 及时恢复 | 促进人与自然和谐 |
| 9 | 勘查管理 | 加大政府、居民监督力度 | 促进勘地和谐 |

### 8.1.2 钻探机场的修建及设备的安装

#### 8.1.2.1 钻探机场的修建

（1）钻探机场的是钻机施工活动的场所，主要用于安装钻塔、钻探设备，设置冲洗液循环系统以及放置管材物资等。场地应依据地质制定的要求（孔位、孔深、方位及倾角）和施工安全、方便、节约的原则进行选择。

（2）钻探机场必须平坦、坚实、稳固、有用，保证在其上面布置的基台和安装的钻塔及机械设备不会发生塌陷、溜方歪斜，确保整个钻井施工中能安全顺利进行。地盘假设为松土层，必要时通过打桩加混凝土底板来提升抗压能力。

（3）基台木是依据所用钻探设备的类型，按一定的规格和形式排列，分上下两层交错并用螺丝连接而成。横顺枕的主要交错处一定要构成直角，并用螺栓连接固定。钻塔、钻机的地脚螺栓也应连接在横顺枕的相交点上。

（4）钻探机场四周应开挖排水沟，将雨水及时导向别处，假设在地势低洼带或雨季施工时，还得修建防洪工程措施。地下电缆埋设应距地基钻孔 5 m 以上，并合理避开公用通信电缆、煤气管道、水管道等重要建筑物。

（5）依据钻孔结构、地层状况、场地条件，制定适合钻井的泥浆循环系统，循环系统一般包括一大一小水源池、两个沉淀池，大池尺寸标准宜为 6 m×6 m×2 m，小池宜为 2 m×2 m×0.4 m，长度不宜小于 15 m，坡度为 1/100～1/80，槽边缘高于地面 0.1 m，以防雨水侵入影响泥浆性能.地热井超过 1 000 m 时，宜安装振动筛和旋流除砂器。

#### 8.1.2.2 钻探设备的安装

（1）钻塔的安装：安装前必须对所有构件进行检查，符合要求方可使用；安装时应在机长的统一指挥下，严格按照安全操作规程进行，塔上塔下不得同时作业；安装人员必须穿戴防护服具；夜间及恶劣天气条件下禁止安装。

（2）设备的安装：设备安装必须达到周正、水平、稳固的要求；钻机立轴中心与天车中心（前轮缘）、孔口中心线在一条直线上；转动部件应设置防护罩或栏杆；固定设备的螺杆必须符合规格要求并应带垫片和防松动螺帽拧紧；钻探设备的安装应易于操作和保证工作安全。

#### 8.1.2.3 附属设备的安装

（1）钻探机场应有足够的防火设备，要有专人看管。冬季施工时，火炉的烟囱通向厂房外，烟囱与厂房壁接触应有绝热层保护，火炉与地板、塔布应保持安全距离。

（2）绷绳为保护钻塔平稳和抵抗大风钻塔的侵袭而倾倒，对 17 m 以下的钻塔的每根塔腿各设一根绷绳，系于塔高 3/4 处，17 m 以上的钻塔每根塔设 2 根绷绳，分别设于天梁处和塔腰处并加上拉紧器，2 根绷绳必须对称，绷绳与水平面夹角宜为 $30°\sim45°$。

（3）避雷针安装高度必须高出塔顶 1.5 m 以上，引下线宜用单芯铜制电缆线且与绷绳间距须大于 1 m，与电机、孔口管、绷绳、地锚、人行道间距大于 3 m，接地电阻小于 15 Ω。

### 8.1.3　钻进方法

#### 8.1.3.1　钻具

（1）地热钻探常用的钻头有刮刀钻头、牙轮钻头、金刚石材料钻头三大类，应依据地层因素，合理地选择钻头，应考虑的地层因素有：地层的软硬程度和研磨性、钻进井段的深浅、易斜地层、软硬交错的地层。

（2）一般在钻进第四系及较软地层时使用刮刀钻头；在钻进较硬地层时使用镶齿牙轮钻头；在钻进极硬地层时，使用金刚石复合片钻头（PDC）。

（3）开孔或孔深比较浅时应采纳扶正器扶正，深孔时若发生孔斜时应采纳钟摆钻具修正。

（4）钻铤的重量是依据设计钻压来定的，一般使用钻压为钻铤总重量的 2/3，尽量采纳粗钻铤，防止中和点偏高，尽量使钻铤总长度小，钻铤长度的确定应通过公式计算。

#### 8.1.3.2　钻进规程

（1）钻井规程包括钻压、转速、泵量，钻进时应依据岩石性质、钻头结构、设备条件及钻孔质量要求合理配合规程参数。

（2）软岩石研磨性小、易切入、钻进时应注意排粉和钻头寿命，故宜采用低钻压、高转速、大泵量；研磨性较强的中硬及部分硬岩石，得采纳大钻压、较低钻速、中等泵量；介于两者之间的岩石则宜采纳中间状态的参数配合。

（3）为提升钻进效率和钻头寿命，操作上应注意下钻及开始钻进时要轻，均匀加压，正常状况下不要随意窜动钻具。

#### 8.1.3.3　冲洗液

（1）钻进致密、稳定地层时，一般可选用无固相冲洗液，如水解聚丙烯酰胺无固相泥浆、无固相泡沫泥浆；钻进松散、易坍塌、易遇水膨胀地层时，可选用黏度较大、相对密度略高、失水量小的淡水泥浆或钙处理泥浆，也可选用黏度较大的不分散低固相泥浆;钻进裂隙、漏失地层时,宜选用相对密度较低的冲洗液,如泡沫泥浆、无固相冲洗液,还可用空气作为冲洗介质。

(2)泥浆一般为膨润土造浆,要求造浆率在 10 $m^3$/t 以上,所用水一般要求硬度不超过 15°,硬度偏高的在配制好后要用磷酸钠处理,配制时黏土需要预水化 24 h,泥浆需要专有设备净化。

(3)现场需要测试的冲洗液参数有漏斗黏度、比重、温度、含砂量、失水量以及泥皮质量,需定时测量并对数据进行总结对比,然后依据地层性质适时调整泥浆性能。

(4)现场必须具有的处理剂有重晶石、水泥、NaOH、NaCO₃、CMC、聚丙烯酰胺(PAM 或 PHP)、腐植酸钾、铁铬木质素磺酸盐、KCl、磺化沥青等,对于不同地层应配合使用。冲洗液的使用对钻探是至关重要的,对于不稳定地层或有漏失地层等复杂地层一定要以预防为主,应急措施要求适当有效。

### 8.1.4 成井

#### 8.1.4.1 测井

(1)钻探是一个系统工程,钻进时就要注意控制井斜、井径超缩,为测井及下管创造条件。测井前需把泥浆调整到适当的性能,既要保证孔壁的稳定,又要保证测井能顺利进行。

(2)测井前提钻时要注意速度,以免产生抽吸作用导致井壁垮塌;提钻后,必须回灌泥浆。

#### 8.1.4.2 下管与固井

(1)表层管和技术管必须要考虑下部孔径大小,下部的滤水管直径必须按照业主要求安装潜水泵直径的大小来确定,一般直径不小于 108 mm。

(2)地热井管的安放位置,上部表管与技术管必须重叠不小于 10 m,下部的滤水管的位置必须与热储层相一致;滤水管的长度必须依照储层厚度来确定,安放位置偏差为±2.0 m。

(3)为了不使浅层水渗入孔内和固定井管位置,必须固井,固井所用水泥宜为普通硅酸盐水泥(P·O32.5),假设地层不稳定,也可选用强度等级 42.5 普通硅酸盐水泥,表层管水灰比为 1:2,技术管水灰比为 1:1.5,搅拌好的水泥浆密度要达到 1.80~1.90 g/cm³。固完井一般至少候凝 8 h,水泥浆开始凝结成水泥块,抗压强度达 2.3 MPa 以上即可开始下一次钻进。

(4)常用的水泥添加剂有加重剂(重晶石)、减轻剂(黏土粉)、缓凝剂(铁铬木质素磺酸盐)、促凝剂(氯化钙)、减阻剂(铁铬木质素磺酸盐)、降失水(黏土粉)、防漏失剂(纤维材料)等。

#### 8.1.4.3　洗井及抽水

(1)洗井的目的在于彻底清除井内岩屑和泥浆,破坏井壁泥皮,同时抽出含水层中的泥土和粉砂、细砂,以及渗入含水层中的泥浆,以消除泥浆的影响和疏通含水层。

(2)洗井方法很多,要依据热储层的地层状况、完井泥浆和孔底岩屑的多少来决定使用何种洗井方法,一般有活塞洗井、抽水洗井、抽筒洗井、空压机震荡洗井、液态二氧化碳洗井、焦磷酸钠洗井、酸化洗井、联合洗井等方法。应依据实际状况灵活地综合使用各种洗净方法,以达到最正确的洗净效果。

(3)抽水试验是为获取水量、水位、水质和水温等资料,为评价地下含水层的水文地质参数和合理开发地下水提供可靠的依据。

(4)抽水一般使用的设备有潜水泵、空压机等,使用的仪器有三角堰、耐温水表、电位仪及温度计,地热井抽水试验应按照《供水水文地质勘查规范》(GB 50027—2001)执行。

## 8.2　抽水试验

抽水试验是在选定的钻孔或竖井中,对预定含水层(组)进行抽水,形成人工降深场并利用涌水量与水位下降的关系,研究含水层(组)的渗透性。

抽水试验的目的是确定一定区域内地下水循环利用量,包括静止水位观测、动水位观测、流量观测、水温测量、涌水量观测等。地下水流场对岩土体的热物性有着显著影响,是地埋管换热器设计的主要基础之一。浅层地热能勘查孔成井后应开展稳定流抽水试验,确定单孔涌水量与水位降深之间的关系,概略求取水文水井参数,为准确计算和评价岩土源热泵项目的热容量、热均衡性、地埋管换热能力提供基础。

### 8.2.1　基本要求

#### 8.2.1.1　抽水试验的目的

(1)确定含水层及越流层的水文地质参数渗透系数、导水系数、给水度、弹性释水系数、导压系数、弱透水层渗透系数、越流系数、越流因素、影响半径等。

(2)通过测定井孔涌水量及其与水位下降(降深)之间的关系,分析确定含水层的富水程度,评价井孔的出水能力。

(3) 为取水工程设计提供所需的水文地质数据,如影响半径、单井出水量、单位出水量、井间干扰出水量、干扰系数等,依据降深和流量选择适宜的水泵型号。

(4) 确定水位下降漏斗的形状、大小及其随时间的增长速度;直接评价水源地的可开采量。

(5) 查明某些常规手段难以查明的水文地质条件,如确定各含水层之间以及与地表水之间的水力联系、边界的性质及简单边界的位置、地下水补给通道及强径流带位置等。

### 8.2.1.2　抽水试验分类

抽水试验主要分为单孔抽水、多孔抽水、群孔干扰抽水和试验性开采抽水。

(1) 单孔抽水试验:仅在一个试验孔中抽水,用以确定涌水量与水位降深的关系,概略取得含水层渗透系数。

(2) 多孔抽水试验:在一个主孔内抽水,在其周围设置若干个观测孔观测地下水位。通过多孔抽水试验可以求得较为确切的水文地质参数和含水层不同方向的渗透性能及边界条件等。

(3) 群孔干扰抽水试验:在影响半径范围内,两个或两个以上钻孔中同时进行的抽水试验;通过干扰抽水试验确定水位下降与总涌水量的关系,从而预测一定降深下的开采量或一定开采定额下的水位降深值,同时为确定合理的布井方案提供依据。

(4) 试验性开采抽水试验:模拟未来开采方案而进行的抽水试验。一般在地下水天然补给量不很充沛、补给量不易查清或者勘察工作量有限而又缺乏地下水长期观测资料的水源地,为充分暴露水文地质问题,宜进行试验性开采抽水试验,并用钻孔实际出水量作为评价地下水可开采量的依据。

### 8.2.1.3　抽水试验的方法

单孔抽水试验采用稳定流抽水试验方法,多孔抽水、群孔干扰抽水和试验性开采抽水试验一般采用非稳定流抽水试验方法。在特殊条件下也可采用变流量(阶梯流量或连续降低抽水流量)抽水试验方法。抽水试验孔宜采用完整井(巨厚含水层可采用非完整井)。观测孔深应尽量与抽水孔一致。

### 8.2.1.4　抽水试验准备工作

(1) 除单孔抽水试验外,均应编制抽水试验设计任务书。

(2) 测量抽水孔及观测孔深度,如发现沉淀管内有沉砂应清洗干净。

(3) 做一次最大降深的试验性抽水,作为选择和分配抽水试验水位降深值的依据。

（4）在正式抽水前数日对所有的抽水孔和观测孔及其附近有关水点进行水位统测，编制抽水试验前初始水位等水位线图，如果地下水位日变化很大时，还应取得典型地段抽水前的日水位动态曲线。

（5）为防止抽出水的回渗，在预计抽水影响范围内的排水沟必须采取防渗措施。当表层有 3 m 以上的黏土或亚黏土时，一般可直接挖沟排水。

（6）需要对多层含水层地下水进行分层评价时，应分层进行抽水试验，或用井中流速、流量仪解决分层抽水问题。

抽水试验工作量要求见表 8-2。

**表 8-2　抽水试验工作量一览表**

| 勘察阶段 | | 试验类别 | 孔隙水 | 岩溶水 | 裂隙水 |
|---|---|---|---|---|---|
| 初步勘察阶段 | 单孔抽水 | 抽水钻孔占控制性勘探孔（不包括观测孔）数的百分比/% | >60 | 凡具有供水价值和对参数计算有意义的钻孔均应抽水 | |
| | | 稳定时间/h | | 8～24 | |
| | 多孔抽水 | 抽水孔组数 | 每个有供水价值的参数区至少 1 组 | | |
| | | 最短延续时间/d | 7 | 10 | |
| 详细勘察阶段 | 群孔干扰抽水 | 抽水孔组数 | 1 | | |
| | | 总抽水量占提交可开采量的百分比/% | >30 | >50 | |
| | | 最短延续时间/d | 10 | 15 | |
| | 试验性开采抽水 | 抽水孔组数 | 1 | | 1 |
| | | 总出水量 | 接近需水量 | | |
| | | 最短延续时间/d | 30（枯水期进行） | | |

### 8.2.2　抽水试验孔布置要求

#### 8.2.2.1　抽水孔的布置要求

抽水孔的布置应符合下列要求：

（1）对勘察区水文地质条件具有控制意义的典型地段，应布置单孔抽水试验孔，根据单孔抽水试验资料计算的水文地质参数编制参数分区图。

（2）对于多孔抽水试验孔组，一般参照导水系数分区图，并结合水文地质条件布置，每个有供水意义的参数区至少布置一组，其抽水试验资料所求参数可作为该区计算参数(不用平均参数)。

(3) 群孔干扰抽水试验和试验性开采抽水试验应在拟建水源地范围内,选择有代表性的典型地段,并结合开采生产井布置。

#### 8.2.2.2 观测孔的布置要求

观测孔的布置应符合下列要求:

(1) 为了计算水文地质参数,在抽水孔的一侧宜垂直地下水的流向布置 $2\sim$ 3 个观测孔。

(2) 为了测定含水层不同方向的非均质性或确定抽水影响半径,可以根据含水层的不同情况,以抽水孔为中心布置 $1\sim4$ 条观测线;如有两条观测线,一条垂直地下水流向,另一条宜平行地下水流向。

(3) 群孔干扰抽水试验和试验性开采抽水试验应在抽水孔组中心布置一个观测孔;为查明相邻已采水源地的影响,应在连接两个开采中心方向布置观测孔。为确定水位下降漏斗形态和补给(或隔水)边界,应在边界和外围一定范围内布设一定数量的观测孔。

(4) 多孔抽水孔组的第一个观测孔应尽量避开三维流的影响,相邻两个观测孔的水位下降值相差不小于 0.1 m,最远观测孔的下降值不宜小于 0.2 m,各观测孔应在对数数轴上呈均匀分布。

(5) 在半承压水含水层进行抽水试验时,宜在观测孔附近覆盖层(半透水层或弱含水层)中布置副观测孔。

(6) 在进行试验性开采抽水试验时,应在水位下降漏斗范围内的重要建筑物附近增设工程地质、环境地质观测点。

### 8.2.3 稳定流抽水试验要求

#### 8.2.3.1 水位降深

稳定流抽水试验一般进行 3 次水位降深,最大降深值应按抽水设备能力确定。基岩含水层的水位降深顺序一般宜先大后小,松散含水层则宜按先小后大逐次进行。

#### 8.2.3.2 涌水量及水位变化

在稳定延续时间内,涌水量和动水位与时间关系曲线在一定范围内波动,而且没有持续上升或下降的趋势。当水位降深小于 10 m,用压风机抽水时,抽水孔水位波动值不得超过 10~20 cm;当用离心泵、深井泵等抽水时,水位波动值不超过 5 cm。一般不应超过平均水位降深值的 1%,涌水量波动值不能超过平均流量的 3%。

### 8.2.3.3 观测频率及精度要求

（1）水位观测时间一般在抽水开始后第 1、3、5、10、20、30、45、60、75、90 min 进行观测，以后每隔 30 min 观测一次，稳定后可延至每隔 1 h 观测一次。水位读数应准确到厘米（cm）。

（2）涌水量观测应与水位观测同步进行；当采用堰箱或孔板流量计时，读数应准确到毫米（mm）。

（3）水温、气温宜每隔 2～4 h 观测一次，读数应准确到 0.5 ℃，观测时间应与水位观测时间相对应。

### 8.2.3.4 恢复水位观测要求

停泵后应立即观测恢复水位，观测时间间隔与抽水试验要求基本相同。若连续 3 h 水位不变，或水位呈单向变化，连续 4 h 内每小时水位变化不超过 1 cm，或者水位升降与自然水位变化相一致时，即可停止观测。

试验结束后应测量孔深，确定过滤器掩埋部分长度。淤砂部位应在过滤器有效长度以下，否则，试验应重新进行。

## 8.2.4 抽水试验参数确定方法

### 8.2.4.1 稳定流抽水试验求参方法

（1）只有抽水孔观测资料时的 Dupuit 公式如下[1]：

承压完整井：

$$K = \frac{Q}{2\pi s_w M} \ln \frac{R}{r_w} \tag{8-1}$$

$$R = 10 s_w \sqrt{K} \tag{8-2}$$

潜水完整井：

$$K = \frac{Q}{\pi (H^2 - h^2)} \ln \frac{R}{r_w} \tag{8-3}$$

$$R = 2 s_w \sqrt{KH} \tag{8-4}$$

式中，$K$ 为含水层渗透系数，$m^3/d$；$Q$ 为抽水井流量，$m^3/d$；$s_w$ 为抽水井中水位降深，m；$M$ 为承压含水层厚度，m；$R$ 为影响半径，m；$H$ 为潜水含水层厚度，m；$h$ 为潜水含水层抽水后的厚度，m；$r_w$ 为抽水井半径，m。

（2）当有抽水井和观测孔的观测资料时的 Dupuit 或 Thiem 公式如下[1]：

承压完整井：

$$h_1 - h_w = \frac{Q}{2\pi KM} \ln \frac{r_1}{r_w} \tag{8-5}$$

Thiem 公式：

$$h_2 - h_1 = \frac{Q}{2\pi KM} \ln \frac{r_2}{r_1} \tag{8-6}$$

潜水完整井：

$$h_1^2 - h_w^2 = \frac{Q}{2\pi KM} \ln \frac{r_1}{r_w} \tag{8-7}$$

Thiem 公式：

$$h_1^2 - h_1^2 = \frac{Q}{2\pi KM} \ln \frac{r_2}{r_1} \tag{8-8}$$

式中，$h_w$ 为抽水井中水柱高度，m；$h_1$、$h_2$ 为与抽水井距离为 $r_1$ 和 $r_2$ 处观测孔（井）中水柱高度，单位为 m，分别等于初始水位 $H_0$ 与井中水位降深 $s$ 之差，$h_1 = H_0 - s_1$；$h_2 = H_0 - s_2$；其余符号意义同前。

当前水井中的降深较大时，可采用修正降深。修正降深 $s'$ 与实际降深 $s$ 之间的关系为：

$$s' = s - \frac{s^2}{2H_0} \tag{8-9}$$

#### 8.2.4.2 非稳定流抽水试验求参方法

（1）承压水非稳定流抽水试验求参方法。

① Theis 配线法。在两张相同刻度的双对数坐标纸上，分别绘制 Theis 标准曲线 $W(u)$-$1/u$ 和抽水试验数据曲线 $s$-$t$，保持坐标轴平行，使两条曲线配合，得到配合点 $M$ 的水位降深[$s$]、时间[$t$]、泰斯井函数[$W(u)$]及[$1/u$]的数值，按下列公式计算参数（$r$ 为抽水井半径或观测孔至抽水井的距离）：

$$T = \frac{0.08Q}{[s]}[W(u)] \tag{8-10}$$

$$K = \frac{T}{M} \tag{8-11}$$

$$s = \frac{4T[t]}{r^2\left[\dfrac{1}{u}\right]} \tag{8-12}$$

$$a = \frac{r^2}{4[t]}\left[\frac{1}{u}\right] \tag{8-13}$$

式中，$W(u)$ 为泰斯井函数；$a$ 为含水层的导压系数，$m^2/d$；$t$ 为自抽水开始起算的时间，d；$r$ 为到抽水井的距离，m；$T$ 为含水层的导水系数，$m^2/d$；$T = K \cdot h_m$；$h_m$ 为潜水含水层的平均厚度，m。

以上为降深-时间法($s$-$t$),也可以采用降深-时间距离法($s$-$t/r^2$)、降深-距离法($s$-$r$)进行参数计算。

② Jacob 直线图解法。当抽水试验时间较长,$u=r_2/(4at)<0.01$ 时,在半对数坐标纸上抽水试验数据曲线 $s$-$t$ 为一直线(延长后交时间轴于 $t_0$,此时 $s=0.00$ m),在直线段上任取两点 $t_1$、$s_1$、$t_2$、$s_2$,则有:

$$T = \frac{0.183Q}{s_2 - s_1} \ln \frac{t_2}{t_1} \qquad (8\text{-}14)$$

$$s = \frac{2.25Tt_0}{r^2} \qquad (8\text{-}15)$$

$$a = \frac{r^2}{2.25t_0} \qquad (8\text{-}16)$$

③ Hantush 拐点半对数法。对半承压完整井的非稳定流抽水试验(存在越流量,$K'/b'$ 为越流系数),当抽水试验时间较长,$u=r_2/(4at)<0.1$ 时,在半对数坐标纸上抽水试验数据曲线 $s$-$t$,外推确定最大水位降深 $s_{\max}$,在 $s$-$\lg t$ 曲线上确定拐点 $s_i=s_{\max}/2$,拐点处的斜率 $m_i$ 及时间 $t_i$,则有:

$$m_i = \frac{s_2 - s_1}{\lg t_2 - \lg t_1} \qquad (8\text{-}17)$$

$$\frac{2.3s_i}{m_i} = e^{\frac{r}{B}} K\left(\frac{r}{B}\right) \qquad (8\text{-}18)$$

求 $e^{\frac{r}{B}} K\left(\frac{r}{B}\right)$,$\frac{r}{B}$。

则:

$$T = \frac{0.183Q}{m_i} e^{-\frac{r}{B}} \qquad (8\text{-}19)$$

$$s = \frac{2Tt_i}{Br} \qquad (8\text{-}20)$$

$$\frac{K'}{b'} = \frac{T}{B^2} \qquad (8\text{-}21)$$

式中,$B$ 为越流系数与阻越系数的比值。

④ 水位恢复法。当抽水试验水位恢复时间较长,$u=r_2/(4at)<0.01$ 时,在半对数坐标纸上绘制停抽后水位恢复数据 $s$-$t$ 曲线,在直线段上任取两点 $t_1$,$s_1$,$t_2$,$s_2$,则有:

$$T = \frac{0.183Q}{s_1 - s_2} \ln \frac{t_2}{t_1} \qquad (8\text{-}22)$$

$$a = \frac{r^2}{2.25t_1}10^{\frac{s_0-s_1}{s_1-s_2}\lg\frac{tv_2}{t_1}} \tag{8-23}$$

$$s = \frac{T}{a} \tag{8-24}$$

⑤ 水位恢复的直线斜率法。当抽水试验水位恢复时间较长，$u=r_2/(4at)<$ 0.1 时，在半对数坐标纸上绘制停抽后水位恢复数据曲线 $s\text{-}t$，直线段的斜率为 $b$，则有

$$T = \frac{2.3Q}{4\pi B} \tag{8-25}$$

$$b = \frac{s_r}{\lg\frac{t}{t'}} \tag{8-26}$$

$$t' = t - t_0 \tag{8-27}$$

(2) 潜水非稳定流抽水试验求参方法。

潜水参数计算可采用仿泰斯公式法、Boulton 法。

① 仿泰斯公式法。

$$H_0^2 - h_w^2 = \frac{Q}{2\pi K}W(u) \tag{8-28}$$

$$u = \frac{r^2}{4at} = \frac{r^2\mu}{4Tt} \tag{8-29}$$

式中，$\mu$ 为潜水含水层的给水度。

具体计算时可采用配线法、直线图解法、水位恢复法等。

② 潜水完整井考虑迟后疏干的 Boulton 公式。

$$s = \frac{Q}{4\pi T}\int_t^\infty \frac{2}{x}\left\{1 - e^{-u_1}\left[chu_2 + \frac{\alpha\eta(1-x^2)t}{2u_2}shu_2\right]\right\}J_0\left(\frac{r}{vD}x\right)dx$$

$$= \frac{Q}{4\pi T}W\left(u_{a,y}, \frac{r}{D}\right) \tag{8-30}$$

$$v = \sqrt{\frac{\eta-1}{\eta}} = \sqrt{\frac{\mu}{\mu^*+\mu}} \tag{8-31}$$

$$\eta = \frac{\mu^*+\mu}{\mu^*} \tag{8-32}$$

$$D = \sqrt{\frac{T}{\alpha\mu}}（疏干因素） \tag{8-33}$$

抽水早期：

$$s = \frac{Q}{4\pi T} W\left(u_a, \frac{r}{D}\right) \tag{8-34}$$

$$\mu_a = \frac{r^2}{4at} = \frac{r^2 \mu^*}{4Tt} \tag{8-35}$$

抽水中期：

$$s = \frac{Q}{2\pi T} K_0\left(\frac{r}{D}\right) \tag{8-36}$$

抽水晚期：

$$s = \frac{Q}{4\pi T} W\left(u_y, \frac{r}{D}\right) \tag{8-37}$$

$$\mu_y = \frac{r^2}{4at} = \frac{r^2 \mu}{4Tt} \tag{8-38}$$

式中，$u^*$ 为含水层弹性释水系数，可根据抽水早期、中期、晚期的观测资料，采用相应的方法计算参数。

# 8.3　注水试验

注水试验是指往钻孔中连续定量注水，使孔内保持一定水位，通过水位与注水量的函数关系，测定透水层渗透系数的水文地质试验工作。注水试验的原理与抽水试验的相同，但抽水试验是在含水层内形成降落漏斗，而注水试验是在含水层上形成反漏斗。注水试验的观测要求和计算方法与抽水试验的类似。注水试验可用于测定非饱水透水层的渗透系数。

注水试验是用人工抬高水头，向试坑或钻孔内注水，来测定松散岩土体渗透性的一种原位试验方法。主要适用于不能进行抽水试验和压水试验，而取原状土试样进行室内试验又较困难的松散岩土体。注水试验具有操作简单、现场易于实现、试验结果可靠等特点，该方法近年来在地质勘察中得到广泛应用。

## 8.3.1　适用条件及试验设备

注水试验是求得岩土渗透性参数的方法之一。其中钻孔变水头注水试验较钻孔常水头注水试验及试坑注水试验方法缩短 90% 以上时间且方法简单，这对于缩短工程勘察周期、降低勘察成本、提高经济效益均有显著作用。

钻孔常水头注水试验适用于渗透性比较大的壤土、粉土、砂土和砂卵砾石层或不能进行压水试验的风化、破碎岩体、断层破碎带等透水性较强的岩体。

钻孔常水头注水试验设备见表 8-3。

表 8-3　钻孔注水试验设备一览表

| 设备类型 | 名称 |
|---|---|
| 供水设备 | 水箱、水泵 |
| 量测设备 | 水表、量筒、瞬时流量计、秒表、米尺等 |
| 止水设备 | 栓塞、套管 |
| 水位计 | 电测水位计 |

### 8.3.2　试验要求

(1) 用钻机造孔至预定深度下套管,严禁使用泥浆钻进。孔底沉淀物厚度不得大于 10 cm,同时要防止试验土层被扰动。

(2) 在进行注水试验前,应进行地下水位观测,作为压力计算零线的依据。水位观测间隔为 5 min,当连续两次观测数据变幅小于 5 cm/min 时,即可结束水位观测。

(3) 钻至预定深度后,可采用栓塞或套管塞进行试段隔离,并应保证止水可靠。对孔底进水的试段,用套管塞进行隔离;对孔壁和孔底同时进水的试段,除采用栓塞进行试段隔离外,还要根据试验土层种类和孔壁稳定性决定是否下入护壁花管。

对孔壁和孔底进水的试段,同一试段不宜跨越透水性相差悬殊的两种土层。对于均一土层,试段长度不宜大于 5 m。

(4) 试段隔离后,用带流量计的注水管或量筒向套管内注入清水,套管中水位高出地下水位一定高度(或至孔口)并保持固定不变,观测注入流量。

(5) 流量观测应符合下列规定:

① 开始 5 次流量观测间隔为 5 min,以后每隔 20 min 观测一次并至少观测两次。

② 当连续两次观测流量之差不大于 10% 时,即可结束试验,取最后一次注入流量作为计算值。

③ 当试段漏水量大于供水能力时,应记录最大供水量。

### 8.3.3　参数计算

当试段位于地下水位以下时,应采用式(8-39)计算试验土层渗透系数:

$$K = \frac{16.67Q}{AH} \tag{8-39}$$

式中,$A$ 为形状系数,cm。

当试段位于地下水以上,且 $50 < H/r < 200$、$H \leqslant l$,时,可采用式(8-40)计算试验岩土层的渗透系数:

$$K = \frac{7.05Q}{lH} \lg \frac{2l}{r} \tag{8-40}$$

式中,$r$ 为钻孔内半径,cm;$l$ 为试段长度,cm。

# 8.4　动态水位、地温监测

### 8.4.1　目的和要求

尽管岩土源热泵并不直接以地下水源作为冷热源,但地下水的赋存特征和季节性波动对蓄能岩土体的热平衡、热容量以及地埋管的换热能力有着显著影响,并且附近包括地源热泵在内的其他项目施工也会造成地下水流场的变化。选择重点调查区域内部分勘查孔作为水位、地温监测孔,开展动态地下水位和地温监测,持续观察记录静水位和地温数据,为准确评价区域地热资源提供基础数据。

在项目建成后,前期布置的监测孔也能为项目的可持续运行评价提供支持。通过数据监测,掌握热容量的变化,认清热失衡风险,并合理调节热泵的工作时长。

监测孔应布置在调查评价区域的代表性位置,如地层岩性不同处、水位条件不同处、主要城镇等。

监测设备应易于安装维护,功耗低,无人值守;能连续、完整地实现数据采集、数据处理、现场存储、数据发送、数据接收、存入大型数据库、数据检索等功能,获得水位、地温的实时变化。

### 8.4.2　技术原理和方案

以某厂商水位、地温自动化监测系统为例,说明动态水位、地温监测系统的技术原理和方案。

该技术采用一孔两用的方式，在孔中下入水位监测线和地温监测线。除此之外还有特种测温电缆（线缆长度小于 500 m，测点数量小于 50 点；外径为 12 mm，双钢丝保护，聚乙烯材质；测温范围为 $-30\sim80$ ℃）、测温传感器（进口高精度数字传感器，两线制单总线通信，测温范围为 $-10\sim80$ ℃；分辨率为 0.01 ℃，精度 $\pm0.1$ ℃）、多管道温度采集 RTU（线缆长度小于 500 m，测点数量小于 50 点；外径为 12 mm，双钢丝保护，聚乙烯材质；内置抗拉防护钢丝；线芯纯铜镀锌，线径 1 mm；防护等级 IP66；测温范围为 $-30\sim80$ ℃）、水位线缆和水位探头。

水位监测原理：水位监测线是一根光纤水位感应线按照要求的长度拉长后垂直悬吊于水中，通过感应的方式检测水位的高低，水位信号经过传感器传输到监控中心的软件管理平台。

地温监测原理：分布式光纤感温火灾探测器采用分布式光纤感温方式，其原理是利用激光在光纤中传输时产生的自发拉曼（Raman）散射原理和光时域反射（OTDR）技术来获取空间温度分布信息。当在光纤中注入一定能量和宽度的激光脉冲时，它在光纤中向前传输的同时不断产生后向拉曼散射光，这些后向拉曼散射光的强度受所在光纤散射点的温度影响而有所改变，散射回来的后向拉曼光经过光学滤波、光电转换、放大、模-数转换后，送入信号处理器，便可将温度信息实时计算出来，同时根据光纤中光的传输速度和后向光回波的时间对温度信息定位。

### 8.4.3 施工方案

现场实地踏勘→施工前测量放点→设备转场运输→就位准备→钻孔→测量孔深→安装监测井管线→投料及回填灌浆→孔口保护墩浇注及保护罩安装→编号喷涂。

#### 8.4.3.1 现场实地踏勘

使用测量设备对设计图纸中的地下水位监测孔位置进行实地踏勘，观察各相关地下水位监测孔是否位于不便于施工的位置，编制初步踏勘报告，邀请业主、设计方和监理现场查看，对于不便施工的地下水位监测孔位置进行调整和处理。

#### 8.4.3.2 施工前测量放点

完成现场实地踏勘后，采用工程联系单的方式将踏勘、调整后的地下水位监测孔位置上报。待业主、监理、设计方批复认可后，再进行地下水位监测孔位置放点,为接下来的施工提供点位位置。

#### 8.4.3.3　设备转场运输

将机械设备转移至相应点位,并做好准备工作。

#### 8.4.3.4　钻孔

待准备完毕后即可进行钻孔工作,钻进至设计孔底高程为止。开孔钻进必须加强护孔和防斜措施,防止孔口塌陷,并确保钻孔垂直。在松散覆盖层钻孔过程中,需采取措施处理覆盖层坍孔的问题。

#### 8.4.3.5　确认孔深和地下静水位

钻孔完成后,确认最终钻孔深度和地下静水位。

#### 8.4.3.6　安装监测井管线

通过机械或人工方式将配好的监测井管线下入钻孔中。下线过程中尤其要注意对水位线探头的保护。下线完成后,将水位线和地温线接入数据采集仪并读数,确认设备工作正常。

#### 8.4.3.7　投料及回填灌浆

确认设备工作正常后,即可进行回填。

#### 8.4.3.8　孔口保护墩浇注及保护罩安装

按照设计图纸在地下水位监测孔孔口立模浇注孔口保护墩,并安装孔口保护罩。

#### 8.4.3.9　编号喷涂

待孔口保护墩终凝后,在保护墩上喷涂地下水位和地温监测孔编号。

## 8.5　地下水流速与流向的测量

地下水渗流场是定量描述地下水在岩体中运动过程的物理场。描述渗流场的主要参数包括地下水渗流速度(简称地下水流速)与流向、含水层介质渗透系数、含水层渗流量等。查明地下水流速与流向可为准确地计算单位井深换热量和分析热均衡性提供依据。以下介绍单孔同位素稀释示踪法和显微成像技术法两种测量地下水流速与流向的方法。

### 8.5.1　单孔同位素稀释示踪法

单孔同位素稀释示踪法是把放射性示踪剂投入钻孔或测试井中,用放射性探测器测定该点地下水流速和流向的一种方法。该方法能快速、经济、准确、高效地测定地下水流速和流向等参数,有助于进一步分析地下水渗流场的动态过程,解决一些复杂的水文地质技术难题。

### 8.5.1.1 放射性同位素示踪剂与监测仪器

#### 1. 放射性同位素示踪剂

放射性同位素是指能自发地放出粒子并衰变为另一种同位素的物质。单孔放射性同位素示踪剂应具备以下特征:① 浓度低,可检测灵敏度较高;② 在滤水管内的较大体积中能均匀混合,有助于定向测定地下水渗流流向;③ 示踪剂稳定;④ 不会改变地下水的天然流向;⑤ 便于深井测试等。一般选择半衰期稍长于预测的测试工期(如用长寿命同位素,会污染地下水,不利于重复试验)的放射性同位素示踪剂,用于地下水研究中的示踪剂,还要考虑其不易被吸附的特点等[2]。

经研究证明,$^{131}I$ 是测定地下水流速和流向的首选放射性同位素示踪剂。该同位素示踪剂的半衰期为 8.05 d,在实际应用中,选择的示踪剂是 $^{131}I$ 的载体 $Na^{131}I$ 溶液。$^{131}I$ 释放出 $\gamma$ 和 $\beta$ 射线,但以 $\gamma$ 射线为主。在单井测试实验中,就是通过测定 $^{131}I$ 所释放的 $\gamma$ 射线的脉冲计数来反映示踪剂强度变化的。测试结果表明,在一个总量为 1.85 GBq $^{131}I$(实际工作中一般不超过此量)的场所工作一个星期,所受总剂量当量为 75 gSv,远低于随机性效应和非随机性效应眼晶体的周剂量控制限值的国家标准,因此,观测环境中的 $^{131}I$ 外照射是安全的。

#### 2. 测量仪器

国内自 20 世纪 80 年代引进单井同位素示踪法测定地下水流速和流向技术后,便开始陆续研制相关的测定地下水动态参数的仪器。如 FDC-138 地下水流速仪、FLS-150 地下水参数测试仪、FDC-250A 型地下水参数测试仪、NE 型地下水同位素示踪仪以及智能化地下水动态参数测量仪等[3]。这些观测仪器测量参数与性能大不相同,目前工程试验中应用较为普遍的仪器是 FDC-250A 型地下水参数测试仪、NE 型地下水同位素示踪仪和智能化地下水动态参数测量仪。

FDC-250A 型地下水参数测试仪配有多探头,带连杆测向装置,可进行多孔、不同深度观测,适用孔径 51～254 mm,测量深度 0～250 m,测速范围 0.03～50 m/d,测速、测向误差≤3%。该仪器具有高灵敏度、高稳定性以及高测试精度等特点,通常用于测定孔隙介质含水层系统地下水流速和流向。

NE 型地下水同位素示踪仪也配有多探头,也可进行多孔、不同深度观测,适用孔径 63～300 mm,测量深度 0～600 m,测速范围 0.01～100 m/d,测速误差小于 5%,测向误差小于 2%。该仪器操作方便,通常用于测定基岩裂隙含水层系统地下水流速和流向。

在 NE 型地下水同位素示踪仪的基础上,研制了智能化地下水动态参数测量仪,该型号仪器的部分功能参数与 NE 型地下水同位素示踪仪基本一致,但在数据处理方面有较大改进,可现场得出地下渗流场任一空间的地下水流速和流向等多种水文地质参数。该仪器主要用于测定基岩裂隙含水层系统地下水流速和流向。虽然该类型仪器自动化程度比较高,但有时运行不稳定,测量误差相对较大。

### 8.5.1.2　地下水流速的测定

均质单一的含水层孔中往往没有垂向流。而对于非均质或多层含水层,孔中就会有垂向流产生。非均质含水层内水头可能是不同的,只要存在静水头差就会引起垂向流。当钻孔揭露了两个以上的含水层,由于各含水层的补给源不同,流场的路径、介质与初始条件不同,各层的静止水位也不同。根据混合井流理论(图 8-1),凡静止水位($S_k$ 或 $S_i$)高于混合水位($S_0$)的含水层都会涌水,该含水层称为涌水含水层;而静止水位($S_k$ 或 $S_i$)低于混合水位($S_0$)的含水层则会吸水,该含水层称为吸水含水层。涌水含水层或吸水含水层都会在井孔产生垂向流现象[3]。

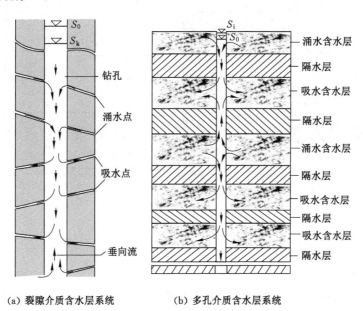

（a）裂隙介质含水层系统　　　　（b）多孔介质含水层系统

图 8-1　多含水层系统中的吸水和涌水现象示意图[4]

在测定地下水流速时,首先要判断孔中是否有垂向流,因为有垂向流时,必定会对渗流速度带来干扰。判断孔中有无垂向流的具体方法是:将装有 4 个放射性探测器如 G-M 计数器或 NaI 晶体闪烁计数器的探头放入被测含水层段,然后进行投源,如果孔中存在向上或向下的垂向流,上部或下部的两个探测器就会先后接收到示踪剂发出的 γ 射线;如果孔中没有垂向流,上下的探测器都接收不到示踪剂发出的 γ 射线(图 8-2)。

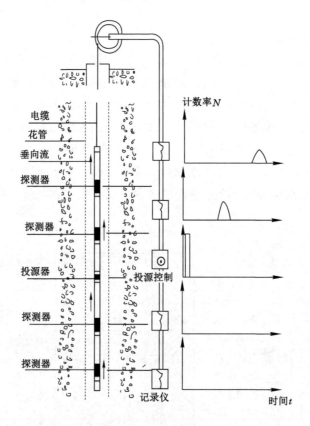

图 8-2　垂向流探测方法与装置[4]

1. 无垂向流时的流速

(1) 原理与条件。

单孔稀释法测定地下水流速的基本原理是:投到井中水体的放射性示踪剂的浓度随地下水的渗流稀释而降低,其稀释速率与地下水流速密切相关。地下水流速的计算公式如下:

$$v_f = \frac{\pi r}{2\alpha t} \ln \frac{N_0}{N} \tag{8-41}$$

式中，$r$ 为钻孔半径，mm；$\alpha$ 为流场畸变校正系数；$t$ 为两次测量时间间隔，s；$N_0$ 是 $t=0$ 时放射性示踪剂(常选用 $^{131}$I)的计数率；$N$ 是 $t$ 时刻放射性示踪剂计数率，可利用探测器测量。

由于含水层中钻孔的存在，会引起滤水管附近地下水流场产生畸变，流场畸变校正系数 $\alpha$ 修正系数可用式(8-42)计算：

$$\alpha = \frac{8}{\left(1 + \frac{k3}{k2}\right) \left\{ 1 + \left(\frac{r1}{r2}\right)^2 + \frac{k2}{k1}\left[1 - \left(\frac{r1}{r2}\right)^2\right] \right\} + \left(1 - \frac{k3}{k2}\right) \left\{ \left(\frac{r1}{r3}\right)^2 + \left(\frac{r2}{r3}\right)^2 + \frac{k2}{k1}\left[\left(\frac{r1}{r3}\right)^2 - \left(\frac{r2}{r3}\right)^2\right] \right\}}$$

$$k_1 = 0.1f$$

$$k_2 = C_2 d_{50}^2 \tag{8-42}$$

式中，$r_1$ 为过滤管内半径，mm；$r_2$ 为过滤管外半径，mm；$r_3$ 为钻孔半径，mm；$k_1$ 为过滤管渗透系数，cm/s；$f$ 为滤网的穿孔系数(孔隙率)，%；$k_2$ 为填砾的渗透系数，cm/s；$C_2$ 为颗粒形状系数，当 $d_{50}$ 较小时 $C_2$ 可取 0.45；$d_{50}$ 为砾料筛下的颗粒重量占全重 50% 时通过网眼的最大颗粒直径，通常取粒度范围的平均值；$k_3$ 为含水层渗透系数，单位是 cm/s，参照已有抽水试验资料或由估值法确定，也可由公式估算，$k_3$ 对 $\alpha$ 的影响很小。

在均匀流场中，不下过滤管且不填砾的基岩裸孔，取 $\alpha=2$。

由式(8-41)可得：

$$t = \frac{3.14r}{2\alpha v_f} \ln \frac{N_0}{N} = \frac{3.14r}{2\alpha v_f} \ln N_0 - \frac{3.14r}{2\alpha v_f} \ln N \tag{8-43}$$

当测得不同时刻 $t$ 对应的示踪剂放射性计数率 $N$ 后，即可将 $\ln N$ 随着 $t$ 变化的值标注在空间坐标上，选择位于 $\ln N$-$t$ 直线上的点进行拟合，得到直线斜率，设为 $m$，则：

$$m = \frac{3.14r}{2\alpha v_f} \tag{8-44}$$

从 $t$-$\ln N$ 半对数曲线图上获得 $m$ 后，即可求得测点的地下水流速：

$$v_f = \frac{3.14rm}{2\alpha} \tag{8-45}$$

应用点稀释定理测定地下水流速的条件是：① 孔中不存在垂向流；② 稀释段内各点的浓度保持相等；③ 示踪剂的浓度必须很低，否则会产生密度差的影响。

(2) 一般实施技术。

根据含水层岩性和井孔结构,将 1～2 m 作为一个观测段,将大约 3.7～37 MBq(0.1～1 mCi)的 $^{131}$I 的载体 Na$^{131}$I 溶液稀释后,装入投源器中,将投源器放入观测井段,上下拉动投源器,使示踪剂在测段内分布均匀。

一般可将测段分为几个测点,每个测点观测 4～5 次,一般每隔 10～30 min 观测一次,将记录的 ln N 随着 t 变化的测值标注在坐标上,选择位于 ln N-t 直线上的点进行拟合,得到斜率 m,代入式(8-45),求得各测点的流速,进而采用加权平均法求得各测段的平均流速。

**2. 有垂向流时测定地下水流速**

当孔中存在垂向流时,点稀释法测定地下水流速的适用条件无法满足。于是 W. Drost 等[5]设计了一种多功能连发探头,可以在有垂向流时应用点稀释定理测定地下水流速。其具体方案是:为避免垂向流的影响,在探头稀释腔上下各设计一个充气止水橡皮塞,同时还设计了一个压力平衡管;为保证稀释段各点浓度相等,在稀释腔体内安装搅拌器;为减少密度差产生的影响,选用低浓度放射性同位素示踪剂。

W. Drost 等虽在理论上解决了孔中存在垂向流时地下水渗流速度的测定问题,并应用于实际测量。但由于该探头制造复杂,使用也极不方便,其推广应用受到影响。为了解决这些技术问题,陈建生等[6]提出了广义稀释示踪物理模型,即在孔中存在垂向流的情况下,通过孔中垂向上两点的垂直流速以及放射性总计数率的测定来求地下水流速。

(1) 原理与适用条件。

陈建生等将传统的点稀释定理所适用条件适当放宽,即在存在垂向流干扰时,并不强调孔中各点的浓度相等,只要求在稀释水柱的截面上各点浓度相等。将标定的水柱分为 n 等份的薄层水柱,任取一个薄层水柱进行研究,通过流入含水层示踪剂浓度与薄层水柱内示踪剂浓度近似相等的理论分析,得出广义稀释定理[7]:

$$v_{\mathrm{f}}=\frac{\pi r}{2\alpha\left\{t-\frac{(v_{\mathrm{A}}-v_{\mathrm{B}})t^2}{2h}+\frac{t^3}{6}\left(\frac{v_{\mathrm{A}}-v_{\mathrm{B}}}{h}\right)^2-\frac{t^4}{12}\left(\frac{v_{\mathrm{A}}-v_{\mathrm{B}}}{h}\right)^3+\cdots\right\}}\ln\frac{N_0}{N}$$

$$(8\text{-}46)$$

式中,$v_{\mathrm{A}}$ 为 A 点的垂向流速,m/s;$v_{\mathrm{B}}$ 为 B 点的垂向流速,m/s;h 为被测段含水层孔柱高度,m。

从式(8-46)式可以看出,当 $v_{\mathrm{A}}=v_{\mathrm{B}}$ 或孔中不存在垂向流时,式(8-46)

变为：

$$v_{\mathrm{f}} = \frac{\pi r}{2\alpha t} \ln \frac{N_0}{N} \tag{8-47}$$

式(8-47)与式(8-41)一样，为孔中无垂向流时测定地下水流速的点稀释定理公式，式(8-47)被称为广义稀释定理，主要在孔中存在垂向流时的测定地下水流速。

在孔中存在垂向流的情况下测定地下水流速时，判断含水层的类型是非常重要的，因为含水层的类型决定着能否直接应用广义稀释定理求地下水流速。当孔中存在垂向流时，含水层分为吸水含水层和涌水含水层。吸水含水层分为两种模式，一种模式是流入下游含水层的水部分来自上游，部分来自井孔中垂向流，此时 $q_{\mathrm{D}} > q_{\mathrm{U}}$，$q_{\mathrm{B}} < q_{\mathrm{A}}$，如图 8-3(a)所示；另一种模式是流入含水层的水全部来自井孔，如图 8-3(b)所示。可见，无论哪种模式，都会使孔中示踪剂在水平方向得到稀释，使不同时间测量的示踪剂的总浓度发生变化，所以吸水含水层能直接应用广义稀释定理求地下水流速。

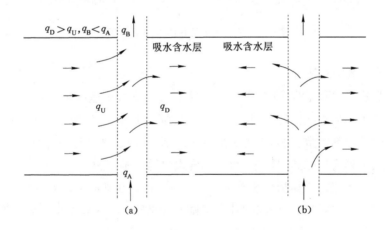

图 8-3　吸水含水层水流示意图[4]

同样，涌水含水层也分为两种模式，一种模式是涌水含水层上游的水仅有一部分通过钻孔流入下游的含水层，而另一部分水流入孔中成为垂向流，此时 $q_{\mathrm{D}} > q_{\mathrm{U}}$，$q_{\mathrm{B}} < q_{\mathrm{A}}$，如图 8-4(a)所示；而另一种模式是含水层上下游的水都涌向孔中成为垂向流，如图 8-4(b)所示。可见，涌水含水层的前一种模式会使孔中示踪剂在水平方向得到稀释，能直接应用广义稀释定理求地下水流速；而后一种模式不能使孔中示踪剂得到水平方向的稀释，而且比较不同时间测量的示踪

剂总浓度,可知 $N_0 = N$,不能直接应用广义稀释定理求地下水流速。针对第二种情况,可向孔中注水阻止涌水含水层向孔中涌水,这样就恢复了原来的天然水平流,含水层变成仅存在水平流或弱吸水含水层,此时便可应用广义稀释定理求地下水流速。

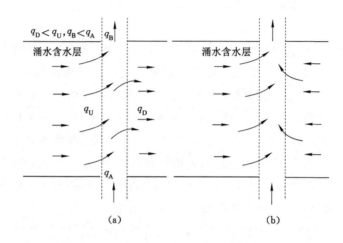

图 8-4  涌水含水层孔中水流示意图[4]

（2）一般实施技术。

根据广义稀释定理,在有垂向流条件下求地下水流速的重要步骤就是先求含水层上下界的垂向流速,然后分别将含水层上下界（不同时间）所测的各个测点放射性示踪剂计数加和,求出放射性示踪剂总计数,再将已知与所求得的参数代入广义稀释定理公式,最终求得目标含水层地下水流速。

求垂向流速的具体操作步骤为:将示踪剂投放在垂向流的路径上产生放射源,用移动探头连续测定示踪剂计数率随孔深的时间变化,直到计数率消失,记录下每点的计数率,绘制示踪剂浓度分布曲线;间隔 15～20 min,再移动探头连续测定示踪剂计数率随孔深的时间变化,记录每次测量过程中各个点的示踪剂计数率,重复下去会获得多条不同时间的浓度分布曲线。具体求解原理如图 8-5所示,可以近似将两个峰之间的含水层作为一层,厚度为两峰之间的距离。在层比较薄含水层性质较接近时,可将一段距离测定到的平均垂向流速近似作为两峰连线中点的垂向流速;用相邻曲线两峰之间的距离 $L_B$ 除以时间差 $\Delta t_B$,就得到两峰连线中点垂向流速 $v_B$;然后用多项式来拟合各个中点的值,利用得到的多项式关系来求峰值深度对应的垂向流速值。

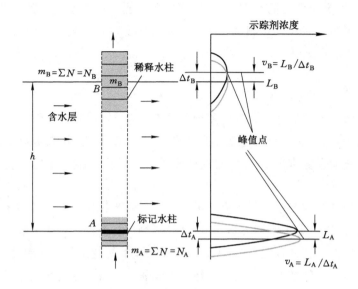

图 8-5　垂向流测量原理图[4]

将每次测量过程中(起始—峰值—计数消失)各个点所记录的示踪剂计数率加和,求得含水层上下界(不同时间)的放射性示踪剂的总计数率 $N_A$ 与 $N_B$。

将垂向流速和放射性示踪剂总计数率代入式(8-46),即求得地下水流速。

8.5.1.3　地下水流向的测定

(1)原理。

单孔示踪法测定地下水流向的原理是:将一种易溶于水的具有弱吸附性的放射性同位素示踪剂投放到被测井段,随着地下水的天然流动,示踪剂浓度在不同方向会产生差异,表现为不同方向的放射性强度发生变化,用流向探测器可测得各方向的放射性强度,放射性强度最大的方向即地下水的流向。

在用单孔示踪法测定流向中,由于[131]I 的弱吸附性,有少部分[131]I 离子吸附在井壁周围,形成不均匀分布,用这种特征也可以定性推断地下水的流向。

(2)一般实施技术。

根据地下水流向的测试原理,单孔示踪法测定地下水流向的具体操作是:将探头放到被测井段,通过手控或自动方式,使探测器沿顺时针方向旋转,每 45°测量一次放射性示踪剂的浓度,再逆时针方向反转,每隔 45°再测量一次放射性示踪剂的浓度,计算两次测量的各方向放射性示踪剂浓度的平均值,将各个方向的计数率平均值按同一比例作成玫瑰花图,计数率最大的方向就是可能的地下水流向;为了更为准确地确定地下水流向,在可能为地下水流向的方位,进行小角度加密观测,即每隔10°测试一次井中放射性示踪剂浓度,计数率最大的方位就是地下水流向。

### 8.5.2 显微成像技术法

地下水渗流因其介质条件的差异其渗流速度大小不均一,但是在绝大多数渗流介质中,地下水的渗流速度及其缓慢,达到 $\mu m/s$ 级,这就给地下水的渗流速度及其方向探查带来了挑战,常规的测量尺度较大的流速流向测量装置在该领域均无法使用。

高灵敏度的地下水流速流向测量手段不仅能为评价水文地质系统提供重要基础,更能应用于地下水动态运移特征的实时监测,为评价岩土源热泵系统的运行效率和地温场恢复程度、预判工程对地质环境的影响提供关键参数。

基于显微成像技术的高灵敏度地下水流速流向观测系统集成了显微成像和粒子追踪测速技术,通过 CCD 高速摄像机设定拍摄频率为 $10\sim43$ 帧/s,将图片通过千兆网口经千兆网转光信号发送,再进行光信号转千兆网,从而实现了数据与图像的远距离高保真传输。后台获得的数据运用 PTV 算法进行识别,得到大量粒子的位移信息,并根据测量间隔,换算粒子位移速度和方向,再通过数理统计的方法得到流速和流向信息。

运用该仪器测量地下水流速流向更直观、测量无下限值、灵敏度高、测量结果可靠性高,克服了目前地下水流速流向间接测量法带来的误差,操作也更简便,易于掌握。该系统测量参数包含流速流向、水温、水位。

(1)单孔有线式观测系统。

高灵敏度地下水流速流向观测系统由探头、信号传输转换和计算机终端3部分组成。其中探头将沿钻孔深入含水层,采集地下水流速流向及水温水位等水文地质参数;信号传输转换模块和个人计算机终端置于地表,进行数据处理工作;探头与地表之间使用光电复合电缆连接,用来传输信号和供电。如图8-6所示,探头包含相机,温度、压力传感器,罗盘,可采集地下水的温度、压力和流场图像等信息;地上部分实时接收后,采用相应的后处理算法对其中的流场时序图像进行运算处理,并结合罗盘采集到的地理绝对方向,最终得到地下水的流速和流向等关键信息。

(2)群孔无线遥传式监测系统。

无线遥传式地下水流速流向测试系统将在计算机电脑上运行的图像处理软

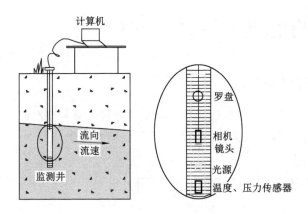

图 8-6　高灵敏度地下水流速流向单孔观测系统结构图[5]

件移植到带有图像处理的芯片的嵌入式系统中,通过太阳能供电系统为系统供电。图片处理结果可以存储在图像处理系统中,将处理结果通过 4G 通信模块发送到监测总站,如图 8-7 所示。该系统较常规遥测水位仪系统的区别在于,该系统不仅可以采集水位、水温信号,更重要的是它可以实时测量地下水流速和流向,实时展现地下水流场演化特征。

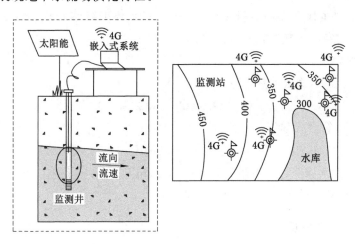

图 8-7　高灵敏度地下水流速流向群孔无线遥传式监测[7]

# 8.6 地热容量、换热功率与热均衡

### 8.6.1 浅层地热容量计算

采用体积法计算浅层地热容量应分别计算包气带和饱水带中的单位温差储藏的热量,然后合并计算评价范围内地质体的储热性能。

#### 8.6.1.1 包气带

在包气带中,浅层地热容量按下式计算:

$$Q_R = Q_S + Q_W + Q_A \tag{8-48}$$

$$Q_S = \rho_S c_S (1 - \phi) M d_1 \tag{8-49}$$

$$Q_W = \rho_W c_W \omega M d_1 \tag{8-50}$$

$$Q_A = \rho_A c_A (\phi - \omega) M d_1 \tag{8-51}$$

式中,$Q_R$ 为浅层地热容量,kJ/℃;$Q_S$ 为岩土体骨架的热容量,kJ/℃;$Q_W$ 为岩土体所含水中的热容量,kJ/℃;$Q_A$ 为岩土体中所含空气中的热容量,kJ/℃;$\rho_S$ 为岩土体密度,kg/m³;$c_S$ 为岩土体骨架的比热容,kJ/(kg・℃);$\phi$ 为岩土体的孔隙率(或裂隙率);$M$ 为计算面积,m²;$d_1$ 为包气带厚度,m;$\rho_W$ 为水密度,kg/m³;$c_W$ 为水比热容,kJ/(kg・℃);$\omega$ 为岩土体的含水量;$\rho_A$ 为空气密度,kg/m³;$c_A$ 为空气比热容,kJ/(kg・℃)。

#### 8.6.1.2 饱水带

在饱水带中,浅层地热容量按下式计算:

$$Q_R = Q_S + Q_W \tag{8-52}$$

$Q_W$ 的计算公式如下:

$$Q_W = \rho_W c_W \phi M d_2 \tag{8-53}$$

式中,$d_2$ 为潜水面至计算下限的岩土体厚度,m。

$Q_S$ 的计算公式参照式(8-49),但厚度采用 $d_2$。

### 8.6.2 换热功率计算

根据现场热响应试验取得的热导率或地埋管换热器传热系数等基础数据,计算单孔换热功率。在浅层地热能条件相同或近似区域,根据单孔换热功率和浅层地热能计算面积,计算地埋管换热功率(图 8-8)。

(1)在层状均匀的岩土或岩石中,稳定传热条件下 U 形地埋管的单孔换热

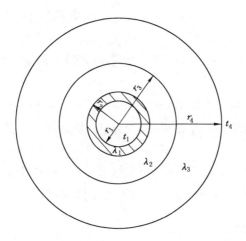

图 8-8　地埋管热功率计算范围

功率按下式计算：

$$D = \frac{2\pi L \mid t_1 - t_2 \mid}{\dfrac{1}{\lambda_1}\ln\dfrac{r_2}{r_1} + \dfrac{1}{\lambda_2}\ln\dfrac{r_3}{r_2} + \dfrac{1}{\lambda_3}\ln\dfrac{r_4}{r_3}} \qquad (8-54)$$

式中，$D$ 为单孔换热功率，W；$\lambda_1$ 为地埋管材料的热导率，W/(m·℃)，PE 管为 0.42 W/(m·℃)；$\lambda_2$ 为换热孔中回填材料的导热系数，W/(m·℃)；$\lambda_3$ 为换热孔周围岩土体的平均导热系数，W/(m·℃)；$L$ 为地埋管换热器长度，m；$r_1$ 为地埋管束的等效半径，m，单 U 为管内径的 $\sqrt{2}$ 倍，双 U 为管内径的 $\sqrt{4}$ 倍；$r_2$ 为地埋管束的等效外径，m，等效半径 $r_1$ 加管材壁厚；$r_3$ 为换热孔平均半径，m；$r_4$ 为换热温度影响半径，m，可通过现场热响应试验时设观测孔求取或根据数值模拟软件计算求得；$t_1$ 为地埋管内流体的平均温度，℃；$t_4$ 为温度影响半径之外岩土体的温度，℃。

（2）根据地埋管换热器传热系数 $k_s$，计算单孔换热功率：

$$D = k_s \times L \times \mid t_1 - t_4 \mid \qquad (8-55)$$

式中，$k_s$ 为地埋管换热器传热系数，单位为 W/(m·℃)，即单位长度换热器、单位温差换热功率。

（3）根据地埋管单孔换热功率，计算评价区换热功率：

$$Q_h = D \times n \times 10^{-3} \qquad (8-56)$$

式中，$Q_h$ 为换热功率，kW；$D$ 为单孔换热功率，W；$n$ 为积内换热孔数。

（4）地层的平均导热系数和地埋管换热器传热系数的应用。

① 通过现场热响应试验装置,连续以固定功率向测试孔加热(或吸热),得到一条完整的地埋管进出口温度时延曲线,用这条曲线可以求取地层的平均导热系数 $\lambda[W/(m \cdot ℃)$,式(8-54)中的 $\lambda_3$],也可以求取地埋管换热器传热系数 $k_s[W/(m \cdot ℃)]$。

② 地层平均导热系数 $\lambda$[式(8-54)中的 $\lambda_3$]可以用来进行设计工况下的动态耦合计算,得出地埋管的进出水温度和换热器的设计参数,并可以代入式(8-54)求得 $D$。

③ 地埋管换热器传热系数 $k_s$,可依据式(8-56)计算特定换热温差下单孔的最大换热功率 $D$,为计算换热器总长度提供依据(静态)。

### 8.6.3 裂隙水与地埋管对流换热

事实上,地埋管延长米换热量在地埋管与裂隙水流交汇处存在较大变化,裂隙数量对于地埋管延长米换热量的提升作用较大,尤其是竖直裂隙越多,提升越明显。因此,为准确计算单孔换热功率,应采用解析法分别计算裂隙水流横掠单管的对流换热功率与岩体和地埋管之间的导热功率,两者之和为单孔换热总功率。

假设岩体中有 $i$ 条裂隙,则裂隙水流横掠单管的对流换热功率计算公式为:

$$\dot{Q}_w = \sum_{i=1}^{n} \dot{Q}_{wi} = \sum_{i=1}^{n} h \Delta t_{w-f} S_i = h \Delta t_w - f \pi d \sum_{i=1}^{n} \bar{e}_i \qquad (8-57)$$

式中,$\dot{Q}_{wi}$ 为地埋管与裂隙水流间的换热功率,W;$h$ 为地埋管壁面与裂隙水间的表面传热系数,$W/(m^2 \cdot ℃)$;$\Delta t_{w-f}$ 为地埋管壁面与裂隙水间的温差,取算术平均温差,℃;$S_i$ 为水平裂隙水流与地埋管壁面间的接触面积,$m^2$;$d$ 为地埋管直径,m;$\bar{e}_i$ 为裂隙平均隙宽,m。

由于钻孔间距比地埋管直径要大得多,因此在与裂隙水的对流换热计算中,地埋管被模拟为单个圆柱体,地埋管壁面与裂隙水间的表面传热系数的计算见式(5-58)～式(8-60)[82]:

$$h = Nu \cdot \frac{\lambda_{fr}}{d} \qquad (8-58)$$

$$Nu = 0.3 + \frac{0.62 Re_f^{\frac{1}{2}} Pr^{\frac{1}{3}}}{\left[1 + \left(\frac{0.4}{Pr}\right)^{\frac{2}{3}}\right]^{\frac{1}{4}}} \left[1 + \left(\frac{Re_f}{282\ 000}\right)^{\frac{5}{8}}\right]^{\frac{4}{5}} \qquad (8-59)$$

$$Re_f = \frac{ud}{v} \qquad (8-60)$$

式中,$Nu$ 为努塞尔数,无量纲;$\lambda_{fr}$ 为裂隙水导热系数,$W/(m \cdot ℃)$;$Re_f$ 为裂隙水雷诺数,无量纲;$Pr$ 为普朗特数,取决于裂隙水状态,无量纲;$u$ 为裂隙水流速,$m/s$。

### 8.6.4　热均衡分析评价

可采用以下两种方法,对浅层地热能的热均衡进行分析评价。方法一分析了热泵的取热量和排热量;方法二考虑了所有的热补给量和热排泄量

方法一:按照热泵效率和运行状况,进行采暖期总能耗分析,计算换热系统在一个采暖期的总取热量;进行制冷期总能耗分析,计算换热系统在一个制冷期的总排热量;进行全年动态分析,分析热恢复状况,进行系统的热恢复预测。

方法二:在地质、水文地质和浅层地热能勘查资料具备的区域,可以进行浅层地热能的热均衡评价,确定浅层岩土体、地下水、地表水中热的补、排状况和储存热量的变化;可以采用数值模型进行热均衡评价。

在一个时段中的热均衡可以用下式表示:

$$Q_{in} - Q_{out} = \Delta Q \tag{8-61}$$

式中,$Q_{in}$ 为热补给量,$kJ$;$Q_{out}$ 为热排泄量,$kJ$;$\Delta Q$ 为储存热量的变化量,$kJ$。

在岩土体中,热量补给项有热泵工程排热量、太阳照射热量、大地热流量、地表水和地下水向岩土散发热量,侧向传导流入热量等;热量排泄项有热泵工程取热量、向大气散发热量、向地表水和地下水散发热量、侧向传导流出热量等。

在地下水和地表水中,热量补给项有热泵工程排热量、太阳照射热量、大地热流量、水补给带来的热量、侧向传导流入的热量等;热量排泄项有热泵工程取热量、向大气散发的热量、水排泄带走热量、侧向传导流出的热量等。

可以按采暖期、制冷期和恢复期等不同时段进行热均衡计算,可以进行一个典型年或多年均衡计算。均衡计算需要有长期动态监测数据的支撑,适用于评价浅层地热能取热量的保证程度。在调查中,需定量查明在天然状态和开发状况下浅层地热能各均衡项情况。

# 8.7　浅层地热能开发利用评价

### 8.7.1　环境影响预测

(1) 主要内容:计算替代常规能源量和节能减排量,评价浅层地热能利用所产生的大气环境效应;评价浅层地热能开发对地下温度场的影响;根据地源热泵

工程的换热方式评价相应的生态环境影响；提出防治浅层地热能利用产生不利环境影响的措施。

（2）大气环境效应评价，可定量评价开发浅层地热能对减少大气污染、清洁环境的效应，估算减少排放的燃烧产物，包括二氧化硫排放量、氮氧化物排放量、二氧化碳排放量、煤尘排放量等。

（3）对地下水换热系统，应评价回灌水对地下水环境的影响，并对能否产生地面沉降、岩溶塌陷和地裂缝等地质环境问题进行评价。

（4）对地埋管换热系统，应评价地埋管对地下空间利用的影响，评价循环介质泄漏对地下水及岩土层的影响。

（5）应对浅层地热能开发过程中地下水和岩土中的热平衡进行评价，分析地下温度场变化趋势及对生态环境可能造成的影响。

### 8.7.2 经济成本评估

（1）应分别估算地下换热系统不同开采方案的初投资成本及运行成本。

（2）地埋管换热系统的初投资估算主要考虑地埋管深度、管材、孔径及孔内结构、回填材料、地层的硬度、钻孔成本等因素。

（3）地下水换热系统的初投资估算主要考虑抽灌井的数量及深度、钻探试验成本。

（4）地表水换热系统的初投资估算主要考虑取水口的远近、水质对换热管材及换热器的影响、取热方式等因素。

### 8.7.3 开发利用方案制定

（1）开发利用方案应在场地浅层地热能勘查和环境影响预测、经济成本评估的基础上制定。

（2）开发利用方案内容包括换热方式、换热系统规模、取热及排热温差、长期监测孔的设置、监测方案的制定等。

# 8.8 浅层地热能开发适宜性分区判别指标

### 8.8.1 适宜性分区因素

浅层地热能的开发适宜性分区取决于多种因素，需要根据不同地质条件和热泵工况进行具体分析。碳酸盐岩地区的主要传热储热介质为裂隙蓄能岩体，包括结构体、结构面、地下水等与地埋管群所组成的换热系统,各式结构面共同构成热能存储场所与运输通道。根据碳酸盐岩地区岩溶地质热储特征进行特定指标分析,主要分析指标包括蓄能岩体的热物理性质,含水层性质以及岩溶地下水流对地热容量计算、蓄能岩体热均衡性等的影响。

蓄能岩体由结构体和结构面组成,其中结构体热物理性质主要包括岩石比热容、导热系数与热扩散系数;结构面热物理性质主要体现在结构面内地下水流与地埋管和岩体等对流换热的过程中,地下水流的对流换热作用可有效提升蓄能岩体热均衡能力与可再生能力。如能在地下水丰水季和枯水季对蓄能岩体进行热响应试验,获取更为精确的综合岩体热导率、热扩散系数与平均初始地温等参数,则可以进一步对地热资源量进行科学准确的评价。

含水层性质包括含水层分布、厚度,含水层富水性和渗透性等主要性质,抽水试验可以获取含水层的富水性、渗透系数与影响半径等水文地质参数,结合回灌试验,确定地下水流量,为后续验证计算随地下水进出能量流提供基础。

### 8.8.2　地下水能量流

碳酸盐岩地区导水由裂隙等岩溶构造构成,岩溶构造复杂多样,因此将岩溶构造等效为岩溶裂隙。地下水流与地埋管、岩体等对流换热的过程有利于缓解蓄能岩体的热堆积风险,增强蓄能岩体的再生能力。为准确、定量地描述地下水能量流对蓄能岩体与换热系统的影响,需要对地下水流量和携带的热量流进行准确分析和计算。

蓄能岩体内裂隙水流量的统计计算基于各单裂隙构造水流量的叠加,首先根据蓄能岩体地质分层理论,对单层控制体内流入水流量做出描述:地下水流从蓄能岩体边界经各式粗糙单裂隙流入控制体,使用基本立方定律对流入蓄能岩体内水流量做出较为客观、准确的计算,获得单宽裂隙流量,见式(8-62):

$$q_{fr} = \frac{e_i^3 g}{12 v} J \tag{8-62}$$

式中,$q_{fr}$ 为单宽裂隙水流量,$m^2/s$;$e_i$ 为裂隙宽度,$m$;$v$ 为水的黏滞系数,$m^2/s$;$g$ 为重力常量,$m/s^2$;$J$ 为沿裂隙水流方向的压力比降。

式(8-62)中 $e_i$ 为裂隙宽度,因粗糙裂隙宽度变化不均匀(图 8-9),计算时需对 $e_i$ 求取平均值。

根据数学统计规律,对各裂隙隙宽求取平均值 $\bar{e}_i$,并使用立方定律进行分

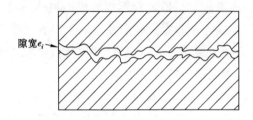

图 8-9 不均匀裂隙示意图

析计算,得单裂隙 $i$ 流量 $\dot{V}_{fr_i}$,$m^3/s$,见式(8-63):

$$\dot{V}_{fr_i} = \bar{e}_i L_i \frac{g}{12v} J \qquad (8-63)$$

式中,$L_i$ 为单裂隙 $i$ 迹长,m;$\dot{V}_{fr_i}$ 为裂隙 $i$ 水流量,$m^3/s$。

由单裂隙进一步统计得蓄能岩体内各式粗糙裂隙水总流量 $\dot{V}_{fr}$ 与补热能力 $\Delta \dot{Q}_{fr}$:

$$\dot{V}_{fr} = \sum_{i=1}^{n} \bar{e}_i^3 L_i \frac{g}{12v} J \qquad (8-64)$$

$$\Delta \dot{Q}_{fr} = \dot{V}_{fr} \rho_{fr} c_{fr} \Delta t_{fr} \qquad (8-65)$$

式中,$\rho_{fr}$ 代表裂隙水密度,$kg/m^3$;$c_{fr}$ 代表裂隙水比热容,$kJ/(kg \cdot ℃)$;$\Delta t_{fr}$ 代表裂隙水流可利用温差,℃。

由式(8-64)和式(8-65)可知,在裂隙水流流体性质、压力不变的情况下,蓄能岩体内裂隙水总流量与可交换热量流只与各裂隙平均隙宽 $\bar{e}_i$、迹长 $L_i$ 与可利用温差 $\Delta t_{fr}$ 相关,因此在前期场地地质勘查时需要对蓄能岩体内各式裂隙隙宽、迹长的分布特征与进出蓄能岩体裂隙水流温度变化进行重点研究与统计。

### 8.8.3 碳酸盐岩地区开发适宜性分区判别指标

现有相关标准,如《浅层地热能勘查评价规范》(DZ/T 225—2009)[8]和《区域浅层地热能调查评价规范》(DB37/T 4308—2021)[9]及关于碳酸盐岩地区的浅层地热能勘查评价缺少针对性。其中,第四系厚度评价指标对于碳酸盐岩地区并不适用,且由于岩溶地质裂隙发育程度高,未对岩溶地下水流的热交换进行深入研究,影响碳酸盐岩地区地热容量计算和热均衡性分析的准确性。进行岩溶地质区域浅层地热开发适宜性分区评价研究需要以地质勘查评价为基础,有针对性地考虑岩溶地质、裂隙水流等具体因素影响下进行浅层地热能容量计算与开发适宜性评价,对规划后续场地地热开发模式与热均衡性维持均有重要意义。以地热勘查评价标准为基础,结合岩溶地质蓄能岩体的热物理性质,含水层性质以及岩溶地下水流等相关特征,修正碳酸盐岩地区浅层地热开发适宜性分区表,见表 8-4。表中与环境温度差 $\Delta T$ 指地表与蓄能岩体之间的温度差,以贵州省典型碳酸盐岩地区平均气温和地层温度[10]为例,分别取<5 ℃,5~10 ℃,>10 ℃这 3 个分段作为判别参考指标。

**表 8-4　碳酸盐岩地区浅层地热能开发适宜性分区判别指标修正[11]**

| 分区 | 适宜性分区判别指标(地下 200 m 范围内) | | | | | | 综合评判标准 |
| --- | --- | --- | --- | --- | --- | --- | --- |
| | 蓄能岩体热物理性质 | | 含水层性质 | | 裂隙水能量流 | | |
| | 岩石比热容 $c_r$ /[kJ/(kg・℃)] | 岩石导热系数 $\lambda_r$ /[W/(m・K)] | 厚度 $H$ /m | 富水性 $q_{max}$/(L/s) | 水流速 $u$ /($\mu$m/s) | 与环境温度差 $\Delta T$/℃ | |
| 适宜区 | >1.0 | >1.5 | >30 | 强富水:10 | >1 000 | >10 | 满足 6 项指标 |
| 较适宜区 | 0.5~1.0 | 0.9~1.5 | 10~30 | 富水:1~10 | 400~1 000 | 5~10 | 不符合适宜性好区和适宜性差区的分区条件 |
| 不适宜区 | <0.5 | <0.9 | <10 | 弱富水:0.1~1.0 | <400 | <5 | 至少满足 4 项指标 |

# 参考文献

[1] 薛禹群,吴吉春.地下水动力学[M].3 版.北京:地质出版社,2010.

[2] 刘光尧,陈建生.同位素示踪测井[M].南京:江苏科学技术出版社,1999.

[3] 刘光尧.放射性同位素测速法可行性研究[J].勘察科学技术,1996(1):34-37.

[4] 任宏微,刘耀炜,孙小龙,等.单孔同位素稀释示踪法测定地下水渗流速度、流向的技术发展[J].国际地震动态,2013(2):5-15.

[5] DROST W,KLOTZ D,KOCH A,et al.Point dilution methods of investigating ground water flow by means of radioisotopes[J].Water resources research,1968, 4(1):125-146.

[6] 陈建生,赵维炳.单孔示踪方法测定裂隙岩体渗透性研究[J].河海大学学报

（自然科学版），2000，28（3）：44-50.

［7］薛卫峰，黄克军，冀瑞君，等.高灵敏度地下水流速流向观测系统在地质灾害监测预警领域的应用［J］.陕西煤炭，2020，39（增刊 1）：149-153.

［8］国土资源部地质环境司.浅层地热能勘查评价规范：DZ/T 225—2009［S］.北京：中国标准出版社，2009.

［9］山东省自然资源厅.区域浅层地热能调查评价规范：DB37/T 4308—2021［S］.［出版地不详：出版者不详］，2021.

［10］程清平，王平，谭小爱.1961—2013 年贵州省地面温度时空变化特征［J］.南水北调与水利科技，2018，16（2）：122-131.

［11］DENG F Q，PEI P，REN Y L，et al.Investigation and evaluation methods of shallow geothermal energy considering the influences of fracture water flow［J］.Geothermal energy，2023，11（1）：1-18.

# 第 9 章　碳酸盐岩地区岩土源热泵系统成本费用

## 9.1　地源热泵系统成本地区差异

　　岩土源热泵技术在很多地区已发展成熟,但在碳酸盐岩地区的应用和推广却面临成本较高、投资回报风险大等问题。究其原因主要在于碳酸盐岩地区地质条件复杂,区内主要以坚硬、致密的碳酸盐岩分布为主,断层、裂隙、溶洞较为发育[1],初期钻井困难、成孔率低、费用昂贵。因此,针对碳酸盐岩地区岩土源热泵的建设成本分析对于推广地源热泵具有重要的意义与价值。地源热泵系统建设涉及地质勘查、土方工程开挖、钻孔、下管、回填、主机安装、末端系统安装等部分[2],成本计算繁杂,初始投资存在很大的优化空间。基于此,为了降低地源热泵建设投资,国内外学者做了大量研究。

　　因为地质条件的复杂性,碳酸盐岩地区岩土源热泵系统,尤其是地下换热器的建设成本通常更高。施工中遇洞率高、裂隙发育层位塌孔率高极大地增加了施工的时间和成本。本章以贵州某岩土源热泵项目为例,根据地源热泵系统设计,以及地热采集系统换热长度、钻孔井深、热泵机组等参数,建立碳酸盐岩地区地源热泵建设成本经济分析模型。通过分析结果可知,地热采集系统在总年化投资成本中占 14.59%,占地源热泵系统整体投资较大;运行投资在总年化投资中占比为 80.37%,可采用智能化控制系统降低运维投资;在固定投资中,地热采集系统投资费用占比为 74.33%,翔实的场地勘察数据和高效的钻孔工艺可降低钻孔成本。与传统岩土源热泵相比,碳酸盐岩地区地热采集系统投资占比较高,直接推高了初投资和年化投资总成本。

　　在以往的成本分析中,分析对象多为地质条件较好的非碳酸盐岩地区,而对于碳酸盐岩地区的地源热泵建设成本分析少有案例。因此,本章以贵州某实际工程项目为例进行成本分析,根据各部分投资占比以及年化成本分析,选择经济、合理的方案,优化投资成本。该研究有利于地源热泵在碳酸盐岩地区的推广和成熟的施工工艺的形成,对实际工程项目具有一定的指导意义。

## 9.2　案例背景

案例项目位于贵州省中部地区,该地区属于典型的碳酸盐岩地区。项目采用竖直地埋管换热器,总建筑面积为 114 000 m²,制冷工况运行 3 个月,制热工况运行 3 个月,每天运行 12 h。根据全年负荷模拟计算,夏季峰值冷负荷为 10 886 kW,冬季峰值热负荷为 9 575 kW。由于项目冷热负荷差值不大,且场地地层以白云岩为主,地下水丰富,可预判地层导热系数和比热容较高,发生热失衡风险较低,因此无须安装辅助供热装置。

在目标区域内利用大地电磁法勘察地层,选定一个地层剖面,再选取一个点作为发射点,每间隔 20 m 设置一个接收点,同一个剖面选取 7 个接点,以第一个剖面为基础,间隔 20 m,共布置 7 个剖面,在每个剖面上设置 7 个接点,共 49 个探测点对目标区域内的地层进行探查。经勘察,在项目场地内,部分区域岩溶裂隙和溶洞发育,地下水丰富,地下潜水层水位线埋深随季节在 40~80 m 范围内变化。在 3 个不同的区域内分别设置 1 个热响应测试孔,管材选用 PE 管,热响应测试表明单 U 形管单位井深换热量在 70 W/m 左右。地埋管深度为 140 m,地源热泵系统设计运行 20 a。

## 9.3　碳酸盐岩地区地源热泵系统建设成本构成

### 9.3.1　浅层地热采集系统

浅层地热采集系统是竖直地埋管热泵系统的一个重要组成部分,对热泵系统的稳定运行和服务年限至关重要,其建设成本占整个投资成本的比例较高。

### 9.3.2　场地物探

通过已有的地质资料可初步判断地源热泵系统的建设可行性。在碳酸盐岩地区断层、裂隙、溶洞等结构发育,岩土体往往显示出较强的非均质性,因此还需对工程场地进行详细的地质勘察。同时,准确获取岩土的热物性参数是浅层地热采集系统设计的重要前提。因此,可以采用柜式热响应装置[3]进行热响应测试,取得浅层地热采集系统设计的基本参数。

### 9.3.3　地埋管钻孔施工

浅层地热采集系统是在岩土体中钻孔,将 U 形换热管安装在岩土体中,管内介质通过管道与岩土体进行热交换。钻孔应保证垂直度,满足下管要求,方便回填。浅层地热采集系统钻孔工程量较大、施工区域集中,应根据现场地质情况确定钻孔位置、数量及深度。不同的地质条件会导致钻孔难度不同,地质条件越坚硬,钻孔难度越高,钻孔周期越长,钻孔费用也相对越高。复杂的地层条件及其他环境因素使得钻孔施工具有重复性。在碳酸盐岩地区钻孔通常会经过地层中的断层、裂隙、裂缝等力学弱面、不稳定结构面和孔洞、洞穴等岩溶个体,造成成孔困难,需要做特殊处理或甚至弃孔重钻,无形中增加了成本。钻进方法根据岩石的可钻性等级[4]和岩石的物理力学特性、地层特点和地质要求选取,详见 5.5 节。

### 9.3.4　地埋管管材

浅层地热采集系统埋入地下后,一般不会进行维修和更换。因此,浅层地热采集系统换热器管材要具有良好的化学稳定性和强度、一定的耐腐蚀性、较好的导热性能。根据市场调查,PE 管是目前最理想的浅层地热采集系统管材,其导热系数、比热容、热扩散系数[5]数值如表 9-1 所示。

表 9-1　PE 管热物理参数

| 参数 | 导热系数 /[W/(m·℃)] | 比热容 /[kJ/(kg·℃)] | 热扩散系数 /(m²·s) |
|---|---|---|---|
| 数值 | 0.38 | 2.04 | 3.27 |

### 9.3.5　热泵机组

热泵机组根据建筑物的实际情况、供暖制冷需求、机组性能、地埋管出水温度等进行选择,为了保证机组能满足全国不同地区、不同系统的需求,《水(地)源热泵机组》(GB/T 19409—2013)推荐了能保证热泵机组正常工作的冷(热)源温度范围,见表 9-2。

表 9-2　使用容积式制冷压缩机的机组正常工作的冷(热)源温度范围

| 机组形式 | 制冷/℃ | 制热/℃ |
|---|---|---|
| 水环式机组 | 20～40 | 15～30 |
| 地下水式机组 | 10～25 | 10～25 |
| 地埋管式机组 | 10～40 | 5～25 |
| 地表水式(含污水)机组 | 10～40 | 5～30 |

### 9.3.6　末端及输送系统

末端及输送系统的选择因素包括用户形式、冷热负荷需求、湿度需求、舒适度需求等。末端系统有风机盘管和新风系统、供暖/供冷辐射系统、全空气空调系统、变风量空调系统等多种形式。作为输送系统的动力核心,水泵的选型对输送系统尤为重要。另外,建筑物的高度也是影响末端及输送系统建设投资的重要因素。

### 9.3.7　系统运行维护

浅层地热采集系统在地表完成连接后,现场进行 PE 管的水压测试,满足设计要求后进行安装。浅层地热采集系统的地下部分为隐蔽工程,因此所需维护较少。主要运维支出包括循环水泵、热泵机组及辅助设备、空调水系统和末端系统运行所需电费及维护成本,以及相应的人工费用[6]。

## 9.4　案例成本计算

### 9.4.1　浅层地热采集系统成本

#### 9.4.1.1　场地物探

浅层地热采集系统埋设在岩土体中,管内流体介质通过热传递的方式与周围岩土体进行热交换,准确掌握场地内构造发育情况和水文地质情况对于浅层地热采集系统的设计、布局和建设尤为重要。通过物探手段,识别场地内裂隙和溶洞较发育区域,评价其可钻性。本节以大地电磁法为例,详细参数如表 9-3 所示。

表 9-3　地球物探参数及费用

| 名称 | 探测深度/m | 计费单位 | 收费基价/(元/点) |
|---|---|---|---|
| 大地电磁法 | ≤3 000 | 点 | 2 160 |

由于碳酸盐岩地区断层、裂隙、溶洞等结构发育,岩土体往往显示出较强的非均质性,为了获得岩土体的热物性参数,需进行热响应试验,以热响应试验的实测值来计算地埋管总长。根据物探报告,选取场地内 3 个以上地质条件具有代表性的位置,各打一个测试孔,根据地源热泵钻孔行业经验,测试孔深度超过钻孔深度 100 m,热响应测试仪及费用如表 9-4 所示。

表 9-4　热响应测试仪及费用

| 型号 | 温度/℃ | | 压力/kPa | | 流速/(m/s) | | 费用/(孔/元) |
|---|---|---|---|---|---|---|---|
| | 范围 | 精度 | 范围 | 精度 | 范围 | 精度 | |
| CABR-RSTRTE | 0~60 ℃ | ±0.1 ℃ | 0~200 | ±0.5%F.S | 0~2.5 | ±0.1%F.S | 80 000 |

### 9.4.1.2　地埋管管长计算

在实际工程中,浅层地热采集系统所需管材长度是通过实际换热负荷、系统能效、地埋管形式和地埋管延长米换热能力进行计算的。碳酸盐岩地区碳酸盐岩导热系数较大,且地下水径流丰富,换热能力可达 55~70 W/m[7]。以单 U 形管,单位井深换热量 70 W/m 为例,计算所需管材总长,公式如下[7]:

$$L = \frac{2 \times Q_c \times 1\,000}{70} \tag{9-1}$$

式中,$L$ 为浅层地热采集系统地埋管总长,m;$Q_c$ 为实际换热量,kW。

选取建筑物所需实际换热负荷进行浅层地热采集系统地埋管长度的计算,管材费用如表 9-5 所示。

表 9-5　管材单位长度价格表

| 管材 | 规格 | 单价/(元/m) | 承压/MPa |
|---|---|---|---|
| PVC | PVC-U(De32) | 4.85 | 0.8 |
| PE | PE(De32) | 8.85 | 1.25 |
| 镀锌管 | De32 | 23.33 | 国标镀锌管壁厚不少于 3.0 mm |

9.4.1.3　埋管钻孔施工计算

根据式(9-1)可计算浅层地热采集系统地埋管总长,钻孔数量可根据下式[7]进行计算:

$$N = \frac{L}{2 \times H}(1 + D_{ef}) \tag{9-2}$$

式中,$N$ 为钻孔数量,个;$H$ 为钻孔深度,m;$D_{ef}$ 为无效延米率;常数 2 表示竖井内单 U 形地埋管总长度约等于竖井深度的 2 倍。

碳酸盐岩地区地质地貌发育复杂,存在溶洞、暗河、地下河等多种岩溶构造,且岩性较坚硬。一方面造成钻孔速度较慢;另一方面经过岩溶构造时需要额外处理,甚至弃孔重钻,这些都较大增加了地埋管施工成本。根据贵州省碳酸盐岩地区地埋管钻孔工程施工经验,地埋管钻孔价格平均价格为 $80 \sim 130$ 元/m,在本节选取的工程实例中,单价设为 90 元/m,包括了钻孔、下管、回填、试压等工序的费用。

### 9.4.2　热泵机组成本

设计浅层地热采集系统前应进行全年动态负荷计算,根据热泵机组的制冷性能系数(EER)和制热性能系数(COP)[7],计算一年内浅层地热采集系统的负荷情况。当最大吸热量与最大放热量数值相近时,分别计算制热与制冷工况下浅层地热采集系统长度,取其大者;当两者相差较大时,通过技术经济对比,采用其他能源设备辅助,一方面经济性好,另一方面避免因冷热不平衡造成岩体温度失衡。本节按照 9.2 节所列项目参数,根据 5.2 节所列过程和公式设计计算热泵机组。

计算得到的机组制冷量、制热量参数,咨询厂商后得到对应报价如表 9-6 所示。

表 9-6　热泵机组参数及报价

| 型号 | 制冷量/kW | 制热量/kW | 制冷能效系数 | 制热能效系数 | 单价/元 |
|---|---|---|---|---|---|
| LSG-2120RM | 2 092 | 2 198 | 6.3 | 6.2 | 447 846 |
| LSG-2200R | 2 160 | 2 314 | 6.5 | 6.1 | 508 788 |

### 9.4.3　末端及输送系统成本

输送系统是一个水循环系统,循环水泵的流量必须满足系统所有设备的水流量。根据房间的冷负荷,计算管段的流量[8],计算公式如下:

$$G = \frac{Q}{c\rho\Delta t} \tag{9-3}$$

式中，$G$ 为管段流量，$m^3/s$；$Q$ 为房间冷负荷，$kW$，取 30 kW；$c$ 为水的比热容，$kJ/(kg \cdot ℃)$，取 4.2 $kJ/(kg \cdot ℃)$；$\rho$ 为水的密度，$kg/m^3$，取 1 000 $kg/m^3$；$\Delta t$ 为供回水温差，℃。

水泵扬程必须满足管网中最不利环的总阻力损失，计算公式[7] 为：

$$H_p = (1.1 \sim 1.2)(h_f + h_d + h_n) \tag{9-4}$$

式中，$H_p$ 为选取的水泵扬程，$mH_2O$；$h_f$、$h_d$ 为循环水路摩擦阻力与局部阻力，$mH_2O$；$h_n$ 为换热器冷却水侧阻力，$mH_2O$；1.1～1.2 为安全系数，一般取 1.15。

在工程项目中，采用新风不承担室内负荷的方式，即送入室内的新风与室内焓相等，不考虑温升。风机盘管的风量可由下式计算：

$$G_f = G - G_w \tag{9-5}$$

式中，$G$ 为房间总风量，$kg/s$；$G_w$ 为新风机组风量，$kg/s$；$G_f$ 为风机盘管风量，$kg/s$。

在实际工程中，风机盘管采用卧式暗装的安装方式，一共有 300 套风机盘管。风机盘管参数及费用如表 9-7 所示。

表 9-7　风机盘管费用

| 型号 | 表冷长度/mm | 安装方式 | 单价/元 |
|---|---|---|---|
| FP-102 | 900 | 卧式暗装 | 460 |
| FP-136 | 1 100 | 卧式暗装 | 610 |
| FP-102 | 840 | 卧式暗装 | 410 |

### 9.4.4　地源热泵系统运行维护费用

本案例中，维护人员的人工费为 12 万元/a，共计 1 人，每年的设备维护费用为 5 万元。根据机组的制冷功率和制热功率，计算机组夏季和冬季消耗的电能费用，得到地源热泵全年耗电费用。

夏季运行费用＝制冷天数×每天运行时间×机组制冷功率×电价×机组数量

冬季运行费用＝制热天数×每天运行时间×机组制热功率×电价×机组数量

运行维护费用及电价如表 9-8 所示。

**表 9-8　运行维护费用**[10]

| 人工费/(元/a) | 设备维护费用/(元/a) | 电价/[元/(kW·h)] |
| --- | --- | --- |
| 120 000 | 50 000 | 0.57 |

### 9.4.5　案例总成本

根据式(9-3)计算得实际工程项目的设计总冷负荷为 10 886 kW,夏季最大释热量为:

$$Q' = 设计总冷负荷 \times (1+1/EER) = 10\ 886 \times (1+1/6.5) = 12\ 560 (kW)$$

根据式(9-4)计算得到,实际工程项目的设计总热负荷为 9 575 kW,冬季最大释热量为:

$$Q'' = 设计总热负荷 \times (1-1/COP) = 9\ 575 \times (1-1/6.1) = 8\ 005 (kW)$$

实际换热量 $Q_c$ 为:

$$Q_c = 1.15 \times 夏季最大释热量 = 1.15 \times 1\ 256\ 0 = 14\ 444 (kW)$$

根据式(9-1)计算得到,浅层地热采集系统地埋管总长 = 2 × 夏季向岩土排放热量 × 1 000/70 = 2 × 144 44 × 1 000/70 = 412 686(m)

$$管材消耗投资费用 = 浅层地热采集系统地埋管总长 \times 8.85$$
$$= 412\ 686 \times 8.85 = 3\ 652\ 271(元)$$

根据式(9-2)计算得到,地埋管钻孔数量 = 浅层地热采集系统地埋管总长/钻孔深度/2 = 412 686 ÷ 140 ÷ 2 = 1 474(个)

$$埋管钻孔施工投资 = 埋管钻孔数量 \times 钻孔深度 \times 90 = 1\ 474 \times 140 \times 90$$
$$= 18\ 572\ 400(元)$$

$$初期物探投资费用 = 物探费用 + 热响应测试费用 = 49 \times 2\ 160 + 3 \times 80\ 000$$
$$= 345\ 840(元)$$

$$夏季运行费用 = 制冷天数 \times 每天运行时间 \times 机组制冷功率 \times 电价 \times 机组数量$$
$$= 90 \times 12 \times 2\ 160 \times 0.57 \times 6 = 7\ 978\ 176(元)$$

$$冬季运行费用 = 制热天数 \times 每天运行时间 \times 机组制热功率 \times 电价 \times 机组数量$$
$$= 90 \times 12 \times 2\ 314 \times 0.57 \times 6 = 8\ 546\ 990(元)$$

根据设计需求,选用某型号热泵机组 6 台,5 用 1 备,名义制冷量 2 160 kW,名义制热量 2 314 kW,一台 LSG-2120RM 热泵机组提供热水。末端系统管材选用 PE 管,循环水路选用 RBL200-315(I)A 循环水泵 5 台,流量为 187 m³/h,扬程为 28 m,4 用 1 备,循环水泵单价为 23 200 元。经与相关施工单位咨询讨论,本案例项目浅层地热采集系统的水平管施工总价为 3 240 000 元。详细参数如表 9-9 所示。

表 9-9　设备配置及投资估算表

| 名称 | 数量 | 单价/元 | 总计 |
|---|---|---|---|
| LSG-2200R 热泵机组/台 | 6 | 508 788 | 3 052 728 |
| LSG-2120RM 热泵机组/台 | 1 | 447 846 | 447 846 |
| 循环水泵/台 | 5 | 23 200 | 116 000 |
| 冷冻水泵/台 | 5 | 42 748 | 213 740 |
| 风机盘管/台 | 300 | 410 | 123 000 |
| 浅层地热采集系统总长/m | 412 686 | 8.85 | 3 652 271 |
| 热响应测试/孔 | 3 | 80 000 | 240 000 |
| 物理探测/点 | 49 | 2 160 | 105 840 |
| 钻孔、下管与回填/个 | 1 474 | 12 600 | 18 572 400 |
| 水平管施工/项 | 1 | 3 240 000 | 3 240 000 |
| 机房系统/套 | 1 | 4 960 000 | 4 960 000 |
| 总计 | | | 34 723 825 |

安装费按设备费的 15%[11] 计算,项目的年化投资按照下式[12] 计算:

$$A = C \times \left[ \frac{i(1+i)^y}{(1+i)^y - 1} \right] \tag{9-6}$$

式中,$A$ 为年化成本,元/a;$C$ 为投资成本,元;$i$ 为内部收益率,能源类的范围是 7%~10%,本案例取 10%;$y$ 为周期,a。

固定投资费用如表 9-10 所示,运行投资费用如表 9-11 所示,总年化投资费用如表 9-12 所示。

表 9-10　固定投资

| 项目 | 投资额/元 | 投资额占比/% | 年化投资/(元/a) |
|---|---|---|---|
| 地热采集系统 | 25 810 511 | 74.33 | 3 031 693 |
| 热泵机组及机房 | 8 460 574 | 24.37 | 993 776 |
| 末端及输送系统 | 452 740 | 1.30 | 53 179 |
| 总计 | 34 723 825 | | 4 078 648 |

**表 9-11 运行维护费用**

| 项目 | 年投资/(元/a) | 投资占比/% |
|---|---|---|
| 人工 | 120 000 | 0.72 |
| 维护 | 50 000 | 0.30 |
| 电费 | 16 525 166 | 98.98 |
| 总计 | 16 695 166 | |

**表 9-12 总年化费用**

| 项目 | 年化费用/(元/a) | 总年化投资占比/% |
|---|---|---|
| 浅层地热采集系统 | 3 031 693 | 14.59 |
| 热泵机组及机房 | 993 776 | 4.78 |
| 末端及输送系统 | 53 179 | 0.26 |
| 运行维护 | 16 695 166 | 80.37 |
| 总计 | 20 773 814 | |

## 9.5 投资费用对比

由上述实际工程项目的各类成本计算得到固定投资成本、运维成本在年化后的费用。从固定投资成本分析得到浅层地热采集系统投资在固定投资中占比达 74.33%,热泵机组及机房投资成本在固定投资中占比为 24.37%,末端及输送系统在固定投资中的占比低于浅层地热采集系统和热泵机组的投资占比。在总年化投资中,浅层地热采集系统的年化投资费用占总年化投资的比重为 14.59%。从整体投资分析来看,固定投资成本中浅层地热采集系统在整个地源热泵系统中初始投资较大,在年化后的总费用中占比也是不可忽视的,可根据年化后的投资成本在碳酸盐岩地区推广地源热泵系统。

为了对比碳酸盐岩地区与土壤源热泵系统的建设成本,选用非碳酸盐岩地区土壤源热泵系统建设成本案例进行对比,其建筑面积为 136 929 m²,总冷负荷为 12 043 kW,总热负荷为 8 987 kW,地埋管采用单 U 形管,由于碳酸盐岩地区无须采用水蓄能系统,因此土壤源热泵系统的水蓄能系统不参与对比,总初始投资为 3 100 万元,其中地埋管系统为 700 万元[13]。

如表 9-13 所示,与土壤源热泵系统在初始投资费用中的占比对比,碳酸盐岩地区地源热泵地埋管系统在初始投资中占 76.77%,比土壤源热泵高 54.19%;碳酸盐岩地区地源热泵单位制冷功率投资为 3 525 元/kW,比土壤源热泵的高 951 元/kW;碳酸盐岩地区地源热泵单位制热功率投资为 4 008 元/kW,比土壤源热泵的高 559 元/kW;与土壤源热泵系统单位制冷功率投资相比,碳酸盐岩地区单位制冷功率投资高 36.95%;与土壤源热泵系统单位制热功率相比,碳酸盐岩地区单位制热功率投资高 16.21%。根据数据对比可得,碳酸盐岩地区地源热泵系统建设投资成本比土壤源热泵系统投资成本高。另外由于各地的用电价格不一样,在此不做运营成本对比,系统年度总成本由年化初投资和年度运营成本构成。较高的初投资意味着较高的折旧费用,必将推高系统的年度总成本。

表 9-13  碳酸盐岩地区与土壤源热泵投资费用对比

| 类型 | 土壤源热泵 | 碳酸盐岩地区地源热泵 |
|---|---|---|
| 地埋管系统在初始投资中占比/% | 22.58 | 76.77 |
| 单位制冷功率投资/(元/kW) | 2 574 | 3 525 |
| 单位制热功率投资/(元/kW) | 3 449 | 4 008 |
| 单位制冷功率投资对比 | 碳酸盐岩地区热泵比土壤源热泵高 36.95% | |
| 单位制热功率投资对比 | 碳酸盐岩地区热泵比土壤源热泵高 16.21% | |

目前市场上热泵主机的成本和售价已经比较透明,因此想要减少碳酸盐岩地区岩土源热泵的投资成本主要是通过减少钻孔成本来实现。一方面可以开发新型高效钻孔技术,提高在硬岩中的钻孔速率,从而降低相关人力及设备租赁成本。另一方面,需要开发高效的过溶洞、裂隙、断层等力学脆弱面的钻孔技术,从而节省钻孔时间和成本。此外,在项目前期阶段通过物探和钻探技术准确识别场地内的岩溶构造发育地带,从而优化钻孔布井位置,提高成孔率。也可通过改善回填材料和工艺,或者使用新型的低热阻换热管,从而提高钻孔延长米换热量,以达到降低钻孔总长度和成本的目的。

# 参考文献

[1] 王明章,陈革平,王伟,等.贵州省岩溶地下水及地质环境[R].贵阳:贵州省地质调查院,2009.

[2] KAYACI N.Energy and exergy analysis and thermo-economic optimization

of the ground source heat pump integrated with radiant wall panel and fan-coil unit with floor heating or radiator[J].Renewable energy,2020, 160:333-349.

[3] MAGRANER T, MONTEROÁ, CAZORLA-MARÍN A, et al. Thermal response test analysis for U-pipe vertical borehole heat exchangers under groundwater flow conditions[J].Renewable energy,2021,165:391-404.

[4] 陈红.PDC 钻头岩石可钻性测定与分级方法研究[D].成都:西南石油大学,2016.

[5] 王朝阳.聚乙烯粒料的流动与传热特性研究[D].大连:大连理工大学,2018.

[6] 荆伟,张林林,杨超,等.综合管廊日常运维成本分摊模型研究[J].建筑经济, 2019,40(4):82-86.

[7] 区正源.土壤源热泵空调系统设计及施工指南[M].北京:机械工业出版社,2011.

[8] 陈燕.谈给水管段设计流量计算[J].中国房地产业,2011(12):430.

[9] 刘洋伶.重庆地区办公建筑通风系统的改造研究[D].重庆:重庆大学,2019.

[10] 周俊娣,毛瑞勇,胥文明,等.复合地源热泵系统经济性分析:以铜仁某医院为例[J].工程经济,2021,31(7):27-30.

[11] 机械工业部.机械工业建设项目概算编制办法及各项概算指标[R].[S.l.:s.n.],1995.

[12] 方勇,王璞.技术经济学[M].2 版.北京:机械工业出版社,2018.

[13] 王飞.某工业园区水蓄能式地源热泵工程案例经济分析[J].区域供热, 2021(3):106-109,158.

# 第 10 章　复合式地源热泵系统

　　复合式热泵系统是普遍用来克服地下热失衡的一种技术方案。对于复合式地源热泵已经有很多应用案例,传统的多是用岩土源热泵与太阳能、冷却塔等设备组合。本章考虑到碳酸盐岩地区特殊的水文地质条件,提出了考虑全年向地下放热和取热量平衡的机组选型方案,并给 4 种不同的复合式地源热泵组合方案,最后相较于单独使用岩土源热泵系统进行了经济技术分析对比,可为岩土源热泵在碳酸盐岩地区的应用推广提供一定参考。

## 10.1　复合式热泵概念

　　根据热力学第二定律,要想把地下相对温度稳定的岩土体中的能量"搬运"到室内,必须消耗一定量的能量。热泵如同水泵将水从低水位抽到高水位,热泵将热量从低品位提升到高品位,具体原理已在第 1 章中介绍。不同的热泵的区别在于它们的热源不同,如图 10-1 所示。本章中所述热泵系统主要为岩土源热泵、地下水源热泵系统(GWHP)和空气源热泵(ASHP)系统三种。

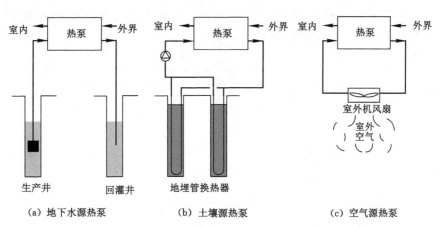

　　(a) 地下水源热泵　　　　　(b) 土壤源热泵　　　　　(c) 空气源热泵

图 10-1　不同形式的热泵原理图

不同的热泵系统有它们各自的优缺点,岩土源热泵系统运行节能,维护费用低,但其应用受限于高额的初始投资;地下水源热泵系统成本比岩土源热泵系统低,但由于需要抽采地下水,其应用受到了一些环保法规的限制[1];空气源热泵系统的成本比地源热泵的低,其使用寿命比传统空调设备的长,噪声小,无污染,但效率受环境气温影响较大。

## 10.2  选型方法

通过对复合系统选型来控制热平衡基本思想是:将冬季制热工况下岩土源热泵系统的热负荷转化为对应的吸热量,以此确定夏季制冷工况下岩土源热泵应该释放的热量,以此来达到地下岩土热平衡。

本章提出了如表10-1所示的5种方案。由于水源热泵系统不存在热失衡问题,且施工周期短,投资成本和运行费用较低,因此,这些方案优先考虑使用地下水源热泵系统。当地下水流量充沛时,可以使用方案1;当地下水流量稍不足时可以使用方案2或方案3,用空气源热泵系统或岩土源热泵系统补充地下水源热泵系统不能满足的负荷;当地下水流量不足时,可以使用方案4或方案5,用空气源热泵和岩土源热泵系统同时补充地下水源热泵系统不能满足的负荷或用空气源热泵和锅炉来补充这部分的负荷。考虑到冬季空气源热泵可能出现结霜问题,因此在方案中不考虑将空气源热泵用在冬季进行制热。

需要注意的是在报告中测量的地下水流量不能满足在本章项目背景下单独使用地下水源热泵,但不排除对其他小型项目来说是潜在可行的一种有效的方案。因此为更加全面地展示不同的方案,本章将单独使用地下水源热泵(GWHP)的方案1也提供在表10-1中备选。

表10-1  不同机组组合表

| 方案 | 热泵系统 | 可利用水量条件 |
|---|---|---|
| 1 | 制冷模式:地下水源热泵<br>制热模式:地下水源热泵 | 冬季和夏季水量都足够 |
| 2 | 制冷模式:地下水源热泵+空气源热泵<br>制热模式:地下水源热泵 | 夏季水量不足,冬季水量足够 |
| 3 | 制冷模式:地下水源热泵+岩土源热泵<br>制热模式:地下水源热泵+岩土源热泵 | 夏季和冬季水量都不足 |
| 4 | 制冷模式:地下水源热泵+岩土源热泵+空气源热泵<br>制热模式:地下水源热泵+岩土源热泵 | 夏季和冬季水量都不足 |
| 5 | 制冷模式:地下水源热泵+空气源热泵<br>制热模式:地下水源热泵+燃气锅炉 | 夏季和冬季水量都不足 |

在已知建筑夏季和冬季最大设计冷、热负荷的前提下，由于地下水流量随季节波动，需要分别将制冷月和制热月按每 7 天为一个水文周期划分，更好地确定每个周期下水源热泵可以承担的负荷。根据实测的某一年的地下水流量变化数据，通过计算可以得到不同方案中不同机组每个周期的负荷变化。机组选配有如下两种方法：

（1）方法一：地下水源热泵的设计装机功率选择所有周期中地下水源热泵负荷的最小值，然后依次计算出岩土源热泵和空气源热泵的装机功率，此方法中地下水源热泵的装机功率较小，能节省一部分初始投资，但是不能充分利用地下水流量。

（2）方法二：地下水源热泵的设计装机功率按照冬季地下水流量最大周期计算出，然后依次计算出岩土源热泵和空气源热泵的装机功率，此方法中地下水源热泵的装机功率较大，能够充分利用地下水流量，但是当枯水季时，水量不足可能导致浪费装机功率的情况，降低能量效率。

由于地下水流量是不断变化的，如果选择所有周期中地下水流量可承担负荷的最大值作为地下水源热泵的设计负荷，需要使用大容量机组，增加了初投资和运行费用，而为了应对水量变化的不确定性，岩土源热泵或其他补充热源设备的设计容量无论流量大或小都需要取所有周期中的最大值。这样选择大容量的地下水源热泵主机就会不经济，因为这意味着既增加了初投资，又增加了运行费用。因此方法二排除。热泵系统具体选型过程如下：

（1）根据每个水文周期的冬季地下水流量确定每个周期的地下水源热泵的热负荷 $q_{wh}$ 后，用冬季建筑总的设计热负荷 $q_h$ 减去 $q_{wh}$ 得到冬季每个水文周期内岩土源热泵承担的热负荷 $q_{sh}$，分别对每个周期的 $q_{wh}$ 取最小值，对 $q_{sh}$ 取最大值得到制热工况下地下水源热泵和岩土源热泵的选型值 $q_{wh-cap}$ 和 $q_{sh-cap}$。

（2）为了使总的取用和释放热量达到平衡，根据 $q_{sh}$ 得到每个周期从岩土取用的热量 $q_{ex}$，取最大值与夏季制热每个周期岩土源热泵向地下释放的热量 $q_{re}$ 对比，取较小值作为每个周期控制的可以释放到地下的热量 $q_{re}$。将 $q_{re}$ 求和取平均值作为夏季每个周期向地下释放的热量 $q_{re}$，将 $q_{re}$ 转换为建筑冷负荷 $q_{sc}$，因为每个周期都是相等的，取其中一个周期的值就是岩土源热泵系统夏季的设计选型值 $q_{sc-cap}$，而夏季的地下水源热泵选型值则根据夏季地下水流量得到的每个周期的负荷 $q_{wc}$，取最小值作为选型负荷 $q_{wc-cap}$。

夏季的岩土源热泵可以承担的冷负荷受到冬季地下水流量的影响，如果上述地下水源热泵和岩土源热泵的组合不足以承担建筑负荷的需求，则加入其他系统补充，如空气源热泵。用总的建筑负荷分别减去 $q_{wc-cap}$ 和 $q_{sc-cap}$，可以得到空气源热泵的设计装机容量。具体流程见图 10-2。

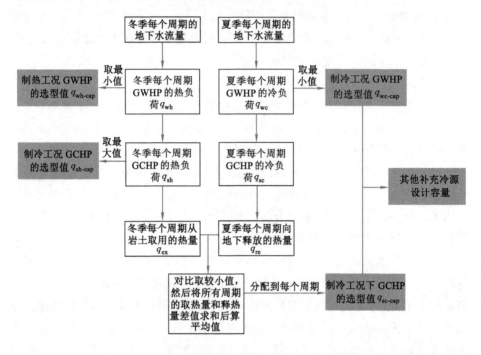

图 10-2　计算流程

## 10.3　控制方程

地下水源热泵系统冬季供暖所需地下水流量[2-3]：

$$G_{\mathrm{H}} = \frac{Q_{\mathrm{H}}}{c_{pw}(t_{w1} - t_{w2})}\left(\frac{\mathrm{COP_h} - 1}{\mathrm{COP_h}}\right) \tag{10-1}$$

式中，$G_{\mathrm{H}}$ 为冬季制热需要的地下水流量，kg/s；$t_{w1}$ 为地下水水温，℃；$t_{w2}$ 为回灌水水温，℃；$c_{pw}$ 为水的定压比热容，单位为 kJ/(kg·K)，取 4.19。$Q_{\mathrm{H}}$ 为建筑物供暖负荷，W；$\mathrm{COP_h}$ 为热泵机组制热性能系数。

地下水源热泵系统夏季制冷所需水量：

$$G_{\mathrm{L}} = \frac{Q_{\mathrm{L}}}{c_{pw}(t_{g2} - t_{g1})}\left(\frac{\mathrm{COP_c} + 1}{\mathrm{COP_c}}\right) \tag{10-2}$$

式中，$G_{\mathrm{L}}$ 为夏季供冷所需地下水流量，kg/s；$t_{g2}$ 为离开热泵换热器的水温，℃；$t_{g1}$ 为进入热泵换热器的水温，即地下水温度，℃；$Q_{\mathrm{L}}$ 为建筑制冷负荷，W；$\mathrm{COP_c}$

为热泵机组制冷性能系数。

岩土源热泵系统从地下吸收的热量由式(10-3)计算：

$$\frac{q_{ex}}{q_h} = \frac{(COP_{hs} - 1)}{COP_{hs}} \qquad (10\text{-}3)$$

式中，$q_{ex}$ 为热泵系统从地下吸收的热量，W；$q_{th}$ 为建筑设计热负荷，W；$COP_{hs}$ 为制热模式下的热泵系统性能系数。

岩土源热泵系统向地下释放的热量由式(10-4)[4]计算：

$$\frac{q_{re}}{q_c} = \frac{(COP_{cs} + 1)}{COP_{cs}} \qquad (10\text{-}4)$$

式中，$q_{re}$ 为热泵系统向地下释放的热量，W；$q_c$ 为建筑设计冷负荷，W；$COP_{cs}$ 是制冷模式下热泵系统能效系数。

岩土源热泵系统所需地埋管长度由式(10-5)估算：

$$L = \frac{q_{cap}}{a} \qquad (10\text{-}5)$$

式中，$L$ 为地埋管长度，m；$q_{cap}$ 表示岩土源热泵设计装机容量（$q_{sc\text{-}cap}$ 和 $q_{sh\text{-}cap}$ 中较大的那一个），W；$a$ 等于 60 W/m，表示单位地埋管深换热量[5]。

费用年值 AW[6]计算如下：

$$AW = \frac{i(1+i)^n}{(1+i)^n - 1} \times C_0 + C \qquad (10\text{-}6)$$

式中，$i$ 表示利率，这里取 8%；$n$ 为系统运行年限；$C_0$ 为初投资，元；$C$ 为运行费用，元/a。

热不平衡率定义如式(10-7)所示[7]：

$$IR = \frac{q_{re\text{-}t} - q_{ex\text{-}t}}{Max(q_{re\text{-}t}, q_{ex\text{-}t})} \times 100\% \qquad (10\text{-}7)$$

式中，$q_{re\text{-}t}$ 表示向地下累积释放的总热量，W；$q_{ex\text{-}t}$ 表示从地下累积取用的总热量，W。IR 为正时表示释放到岩土的热量大于从地下取用的热量，反之，表示从地下取用的热量大于释放到岩土中的热量。

## 10.4　案例分析

本小节以贵州省某办公楼为例进行分析，结合该区域调查过流量数据的两条不同流量的地下河，在已知办公综合体设计最大冷、热负荷需求的前提下，分别用一年中水流量有一定差别的两条河为背景，应用 10.2 节提出的选型方法，分别对提出以利用地下水源热泵为主、结合该项目实际情况的 4 种不同的复合式热泵方案进行讨论,筛选出符合该项目实际情况的方案,最后给出所选方案的费用与单独使用岩土源热泵系统的费用对比。

### 10.4.1　项目背景和参数

参考的项目办公综合体总建筑面积为 80 000 m²,由 6 栋建筑组成,包括一些 24 h 运行的单元,如数据中心、城市安全设备监控中心、安保和应急服务中心。该建筑的设计最大夏季冷负荷为 10 350 kW,设计最大冬季热负荷为 7 500 kW,等效满负荷运行时间是 13 h/d。该地区年平均气温为 13.5~17.6 ℃,地下水的温度为 16~20 ℃,计算湿球温度、干球温度和通风干球温度分别为 26.7 ℃,35.3 ℃和 32.2 ℃。冬天干球温度为一0.5 ℃,室外相对湿度为 76%。默认空气源热泵的性能受制于冬季结霜等问题,本书的复合式热泵不考虑将空气源热泵用作冬季制热。制冷月为 6、7、8 月,制热月为 12、1、2 月。考虑附近的两条地下河作为潜在的地下水源热泵的热源。另外,根据地下河水流量变化规律,将制冷阶段和制热阶段都对应平均分成 13 个周期。假设水流量不会低于实测年的最低值,其他计算所需参数及参考文献见表 10-2。

表 10-2　计算所需参数

| 参数 | 假设值 |
| --- | --- |
| 钻孔费用/(元/m) | 100 |
| 单位埋深换热量/(W/m) | 60 |
| 安装费用/元 | 15%*设备费 |
| 天然气价格/(元/Nm³) | 4.5 |
| 电价/[元/(kW·h)] | 0.6 |
| 岩土源热泵机组的 $COP_h$ | 5.0 |
| 岩土源热泵系统的 $COP_{hs}$ | 3.7 |
| 岩土源热泵机组的 COP | 5.5 |
| 岩土源热泵系统的 $COP_{cs}$ | 4.1 |
| 地下水源热泵机组的 $COP_h$ | 4.5~4.8 |
| 地下水源热泵机组的 $COP_c$ | 5.3~5.6 |
| 年利率/% | 8.0 |
| 服役年限/a | 20 |

#### 10.4.2　参考河流流量数据

根据《贵州省重点岩溶区乌江流域下游段水文地质及环境地质调查报告》，通过野外地下河水动态以及雨量观察站数据分析，地下河水流量动态与降雨量同步或稍稍滞后，丰水期受降雨量影响显著，水流量动态变化幅度大，平水期水流量动态变化稳定，年度水文变化幅度小（16～20 ℃）。因此总体来说，利用地下河河水作为稳定的热源是可行的。

河流 1——德江县长堡地下河于夏季第二个水文周期，即 6 月的第二周地下河流量达到最大值 495 L/s，在 8 月的最后几个水文周期流量达到最小值 125 L/s，变化幅度为 3.96 倍。这可能是 6 月大量降雨造成的，如果排除该水文周期，则变化幅度为 2.26 倍。水流量基本稳定，平均流量达 173 L/s。而冬季地下河水流量变化幅度更小，为 1.43 倍，平均流量为 139 L/s。

河流 2——桐梓县茅石乡玛瑙岩地下河于夏季第二个水文周期，去除降雨导致的水流量突然变化，夏季和冬季平均流量分别为 86.0 L/s 和 34.4 L/s，比河流 1 的低。夏季地下河水流量变化幅度为 3.7 倍，冬季地下河水流量变化幅度更小，为 2.1 倍。具体水流量动态图如图 10-3 所示。

#### 10.4.3　系统机组容量计算

（1）河流 1。

① 方案 1。夏季负荷 10 350 kW 和冬季负荷 7 500 kW 都由地下水源热泵机组承担。若要满足方案 1，根据式（10-1）和式（10-2），地下水流量在夏天和冬天至少要分别达到 210 L/s 和 157 L/s。由图 10-3 可以看出，夏、冬两季地下河都不能到达这个水量，所以方案 1 不适用于河流 1，方案 1 的选型方案排除。

② 方案 2。因为方案 2 冬季全部使用地下水源热泵系统，原因同方案 1，冬季水量不能满足。因此方案 2 排除。

③ 方案 3。根据选型方法，根据夏季建筑总负荷和冬季的岩土源热泵选型值，夏季地下水源热泵系统每个周期至少应承担 9 304 kW，根据式（10-2），至少需要 262 L/s 的流量，而从图 10-3 中看出，地下河流量有一半以上的周期无法满足这个流量，因此方案 3 排除。

④ 方案 4。按照前述的选型方法，岩土源热泵的设计容量是根据冬季的水量变化得来的，取所有周期内最大的负荷值 2 786 kW，根据这个值可以得到从地下取用的热量为 2 033 kW，这个值也是夏季可以向地下释放的热量，转化为

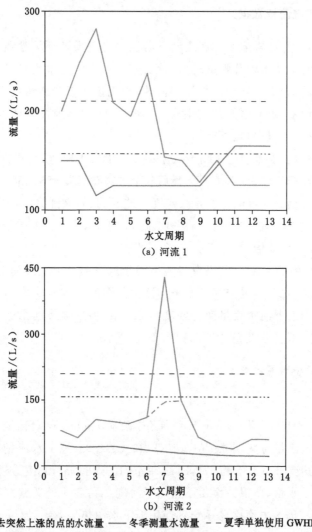

(a) 河流 1

(b) 河流 2

----除去突然上涨的点的水流量　——冬季测量水流量　– – 夏季单独使用 GWHP 的水流量
‥‥冬季单独使用 GWHP 的水流量　——夏季测量水流量

图 10-3　地下河流量变化图

负荷值就是岩土源热泵的制冷工况的设计容量 1 748 kW。经过计算,地下水源热泵的设计制热和制冷负荷分别是 4 703 kW 和 3 601 kW。最后得到空气源热泵的设计容量为 6 749 kW。

　⑤ 方案 5。冬季仍优先使用地下水源热泵,地下水流量不足以满足的部分

由锅炉承担,夏季地下水流量不足的部分由空气源热泵系统承担,因此无论地下水流量如何这种方案一定可行。经过演算后。根据 10.2 节的选型方法,冬季和夏季地下水源热泵的设计容量分别定为 4 492 kW 和 4 624 kW,空气源热泵系统和锅炉系统容量分别为 6 760 kW 和 2 800 kW。

(2)河流 2。

因为其水流量远低于河流 1,方案 1、2、3 不适用,方案 4 和方案 5 可以通过前述的方案计算出各机组所需要的设计容量。

根据厂家提供的设备信息(表 10-3 和表 10-4)以及表 10-2 提供的参数计算,可以得到适用的各方案机组的实际设计、装机容量,如表 10-5 和表 10-6所示。

表 10-3　方案 4 的选型机组信息

| 设备 | | GCHP | GWHP | ASHP |
|---|---|---|---|---|
| 数量/台 | | 2 | 3 | 50 |
| 单价/万元 | | 58.40 | 117.00 | 8.00 |
| 总价/万元 | | 116.80 | 351.00 | 400.00 |
| 额定功率/kW | 制冷 | 229 | 460 | 44 |
| | 制热 | 341 | 744 | — |

表 10-4　方案 5 选型机组信息

| 设备 | | GWHP | ASHP | 锅炉 |
|---|---|---|---|---|
| 数量/台 | | 2 | 52 | 1 |
| 单价/万元 | | 80.63 | 8.00 | 27.17 |
| 总价/万元 | | 161.26 | 416.00 | 27.17 |
| 额定功率/kW | 制冷 | 317 | 44 | — |
| | 制热 | 503 | — | 18.5 |

表 10-5　河流 1 条件下的装机容量表

| 方案 | 容量 | GCHP/kW | | GWPH/kW | | ASHP/kW | 锅炉/kW | 总容量/ kW | |
|---|---|---|---|---|---|---|---|---|---|
| | | HL | CL | HL | CL | CL | HL | HL | CL |
| 4 | 安装容量 | 3 392 | 3 524 | 4 992 | 4 624 | 5 200 | — | 8 384 | 13 348 |
| | 设计容量 | 2 798 | 1 641 | 4 703 | 3 601 | 5 108 | — | 7 501 | 10 350 |

表 10-5(续)

| 方案 | 容量 | GCHP/kW | | GWPH/kW | | ASHP/kW | 锅炉/kW | 总容量/ kW | |
|---|---|---|---|---|---|---|---|---|---|
| | | HL | CL | HL | CL | CL | HL | HL | CL |
| 5 | 安装容量 | — | — | 4 992 | 4 624 | 6 760 | 2 800 | 7 792 | 11 384 |
| | 设计容量 | — | — | 4 703 | 3 601 | 6 749 | 2 798 | 7 501 | 10 350 |

注:HL 表示热负荷;CL 表示冷负荷

表 10-6　河流 2 条件下的装机容量表

| 方案 | 容量 | GCHP/kW | | GWPH/kW | | ASHP/kW | 锅炉/kW | 总容量/ kW | |
|---|---|---|---|---|---|---|---|---|---|
| | | HL | CL | HL | CL | CL | HL | HL | CL |
| 4 | 安装容量 | 7 023 | 6 735 | 1 458 | 1 345 | 6 110 | — | 8 481 | 14 190 |
| | 设计容量 | 6 409 | 3 760 | 1 091 | 1 266 | 6 022 | | 7 500 | 11 048 |
| 5 | 安装容量 | — | — | 1 458 | 1 345 | 9 100 | 7 000 | 8 458 | 10 445 |
| | 设计容量 | — | — | 1 091 | 1 266 | 9 084 | 6 409 | 7 500 | 10 350 |

### 10.4.4　经济分析

　　根据实际的装机容量和机组价格,得到不同方案不同流量条件下的费用计算结果(图 10-4)。表中年化初投资是假设项目运行 20 a,由式(10-6)计算得到,结果加上运行费用为年化总费用。在河流 1 的流量条件下,方案 4 的年化初投资和运行费用分别是 105 万元/a 和 311 万元/a。方案 5 的初投资和运行费用分别是 71 万元/a 和 427 万元/a。假设每个系统运行 20 年,方案 4 和方案 5 的年化总费用费分别为 415 万元/a 和 498 万元/a;在河流 2 的流量背景下,方案 4 和方案 5 的初投资和运行费用分别是 151 万元/a 和 318 万元/a,76 万元/a 和 510 万元/a,年化总费用分别为 470 万元/a 和 587 万元/a。相同工程背景下,使用岩土源热泵系统的初投资和运行费用分别是 263 万元/a 和 233 万元/a,总的费用年值为 495 万元/a。

　　由表 10-5 和表 10-6 可以看出,为了保证从地下取用和向地下释放的热量平衡,方案 4 中岩土源热泵冬夏两季的设计装机容量相差很大,尤其在水流量较少的时候。对比河流 1 和河流 2,可以看出岩土源系统承担的负荷与水流量成反比;当水流量充足时,地下水源热泵承担更多的负荷,而岩土源热泵承担较少的负荷,反之亦然。在实际运行中,安装容量和实际负荷的差距会导致能量效率低。为避免这种情况,建议安装较小的机组,但这会需要购置更多机组,从而影响初投资,但其好处很明显,即高能效低运行费用。

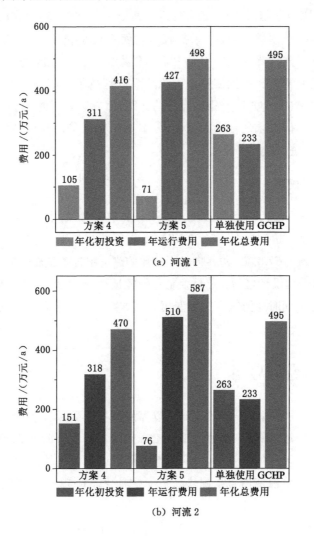

图 10-4　不同方案下的年化建安总费用、运行费用、总费用现值

　　在河流 2 水流量条件下的费用比河流 1 条件下的更高。这是因为河流 2 的水流量更小,需要更多的岩土源热泵地埋管换热孔来满足总的制冷和供热需求,而钻孔费用是岩土源热泵初投资的主要部分。就初投资来说,方案 4 和方案 5 比单独使用岩土源热泵更低,尤其是方案 5 的初投资远低于其他 2 种方案。就

运行费用而言,锅炉用在方案 5 的冬季制热情况,高昂的天然气费用导致了该方案比其他 2 种方案更高的运行费用。而河流 1、河流 2 水流量条件下方案 4 的运行费用分别比单独运行岩土源热泵系统高出了 33.48％和 36.48％,这是因为空气源热泵运行费用较高,能效系数较低。就年化总费用来说,方案 4 在河流 1、河流 2 背景下分别比单独使用岩土源热泵系统低了 15.96％和 5.05％。然而,方案 5 的年化总费用比单独使用岩土源热泵分别高了 0.61％和 18.59％。这说明在忽略水量条件下,方案 4 是最经济的方案,而方案 5 可能在水流量小的时候不是最佳选择。但在水流量大的时候,方案 5 年化总费用与单独使用岩土源热泵相当,而初投资减少了 73％。

### 10.4.5　热不平衡率

根据式(10-3)、式(10-4)和式(10-7),可以得到单独使用岩土源热泵的系统夏季对岩土总的释热功率为 12 874.39 kW,冬季从岩土取出的功率为 5 472.97 kW,热不平衡率达到了 57.5％。每年向地下释放的热量超过了从岩土取用热量的 2.46 倍。而本章从选型设计之初就严格控制总的能量平衡,因此方案 4 可以将不平衡率控制到接近 0,同时还能减少一定费用。而方案 5 没有使用岩土源热泵则没有热不平衡问题。

## 10.5　技术经济总结

研究结果表明,本章提出的方法可以有效缓解单独使用岩土源热泵系统的热堆积问题。经过计算,在单独使用岩土源热泵的情况下每年向地下释放的热量超过了从岩土取用的热量的 2 倍,热不平衡率达 57.5％,而本章提出的方案中含有一个方案比单独使用岩土源热泵系统更加经济的同时还能缓解热堆积。具体的:

在碳酸盐岩地区地下水资源丰富,以利用地下水源热泵与不同的热泵组合的复合式热泵来替代岩土源热泵是可行的。

方案 4(夏季使用地下水源热泵＋岩土源热泵＋空气源热泵,冬季使用地下水源热泵＋岩土源热泵),在河流 1 或河流 2 的假设场景中都比单独使用岩土源热泵的系统成本更低,更具潜力。在本案例中,流量较多的河流 1 背景下(夏季平均流量达 173 L/s 冬季达 139 L/s 时),减少 15.96％的费用,而在流量较小的河流 2(河流 2 的夏季平均流量达 86 L/s,冬季达 34.4 L/s 时),减少了 5.05％的费用。

方案 5(夏季使用地下水源热泵＋空气源热泵,冬季使用地下水源热泵＋锅炉),这种方案初投资最低,在本案例中对于系统寿命在 20 年时,总的年化费用在水量高的河流 1 背景下与单独使用岩土源热泵相当,在水量较不充足时的河流 2 背景下,其年化总费用远超单独使用岩土源热泵的系统。

# 参考文献

[1] 杨少刚.基于 TRNSYS 地埋管地源热泵变流量系统仿真研究[D].济南:山东建筑大学,2016.

[2] 曲云霞,张林华,方肇洪,等.地下水源热泵及其设计方法[J].可再生能源,2002,20(6):11-14.

[3] SARBU I, SEBARCHIEVICI C.General review of ground-source heat pump systems for heating and cooling of buildings[J].Energy and buildings,2014,70:441-454.

[4] KAVANAUGH S, RAFFERTY K.Geothermal heating and cooling: design of ground-source heat pump systems[M].[S.l.:s.n.],2014.

[5] 马最良,吕悦.地源热泵系统设计与应用[M].2 版.北京:机械工业出版社,2014.

[6] MIAN M.Project economics and decision analysis[M].2nd ed.Tulsa:Penn Well Corp.,2011.

[7] ZHAO Z C,SHEN R D,FENG W X,et al.Soil thermal balance analysis for a ground source heat pump system in a hot-summer and cold-winter region [J].Energies,2018,11(5):1-13.